CHEERS!

精 酿 啤 酒 品 鉴 与 配 餐 指 南

ABV Bar & Kitchen
精酿啤酒餐厅

著

中国轻工业出版社

图书在版编目（CIP）数据

精酿啤酒品鉴与配餐指南／ABV Bar & Kitchen精酿
啤酒餐厅著. — 北京：中国轻工业出版社，2021.5

ISBN 978-7-5184-3477-0

Ⅰ. ①精…　Ⅱ. ①A…　Ⅲ. ①啤酒 – 品鉴 – 指南
Ⅳ.①TS262.5–62

中国版本图书馆CIP数据核字（2021）第072280号

责任编辑：江　娟　靳雅帅

策划编辑：江　娟　靳雅帅　　责任终审：劳国强　　封面设计：奇文云海

版式设计：锋尚设计　　　　　责任校对：晋　洁　　责任监印：张　可

出版发行：中国轻工业出版社（北京东长安街6号，邮编：100740）

印　　刷：北京博海升彩色印刷有限公司

经　　销：各地新华书店

版　　次：2021年5月第1版第1次印刷

开　　本：889×1194　1/16　印张：15.75

字　　数：200千字

书　　号：ISBN 978-7-5184-3477-0　定价：98.00元

邮购电话：010-65241695

发行电话：010-85119835　传真：85113293

网　　址：http://www.chlip.com.cn

Email：club@chlip.com.cn

如发现图书残缺请与我社邮购联系调换

201074S1X101ZYW

■ 作者序

近几年来，不难发现精酿啤酒的餐酒搭配在国际上逐渐成了显学。啤酒的风味在酿酒师的巧妙创新下不断变化，演绎出多彩多姿的风味轮廓；这也为啤酒的餐酒搭配增添了无限的可能性。在国外，有许多喜好精酿啤酒的美食家出版了一系列关于餐酒搭配的著作，引领着爱好者进入这崭新的味觉世界。但可惜的是，这一类著作鲜少有中文的内容，难免与国人有距离感，着实可惜。因此，从ABV踏入精酿啤酒与餐饮产业开始，我们一直有个希望，就是能撰写一本关于精酿啤酒的工具书，给予精酿啤酒暨美食爱好者一个更完整，且更有条理的精酿啤酒知识与餐酒搭配的介绍，这样的规划与梦想，在各方的努力下终于实现。

为了让大家可以快速地进入精酿啤酒的世界，我们从德式、美式、英式、比利时啤酒的基础定义，再细分出现在世界上各啤酒的类型是属于德式或美式或英式或比利时，以及将每种类型的啤酒，整理出该类型的历史与风味特色等介绍，同时将该类型啤酒的风味表现，与食物的因果搭配找出对应的逻辑，并设计出四十道食谱。这些菜品风格横跨地中海、加勒比海、日式、美式，就像美食联合国，也与我们想要推广精酿啤酒的品饮文化来自世界各地正好彼此呼应。

从事精酿啤酒与餐厅业多年的经验，让我们深信每个人都有适合自己的啤酒，每一道料理都有适合的啤酒。本书除了希望带领大家更进一步了解精酿啤酒外，特别着重于各个啤酒类型与餐点的搭配。此外，也希望透过食谱的分享，让同好们在日常生活中也能随时体验，让精酿啤酒的餐酒搭配文化成为人们生活的一部分。

ABV Bar & Kitchen

■ 目录

Chapter 1　认识精酿啤酒

Chapter 2　来喝一杯吧！

Chapter 5　美式啤酒

Chapter 6　比利时啤酒

Chapter 7　其他啤酒

Chapter 1

认识精酿啤酒

啤酒的进程就像精炼过的人类历史，是人类从游牧民族进入农业部落，再从封建主义进入资本主义，也是从劳动社会进入消费社会的缩影。虽然人们喝啤酒的习惯因为时空背景和文化而不同，但偏好、鉴赏却有改变、精进的空间。保持开放的心态进入品饮的世界，我们将会发现，啤酒值得一个重新被审视的机会！

被忽视的啤酒鉴赏

"等会儿去干一杯吧！"这是大多数人对于啤酒的第一印象。不由分说地大口喝下，一阵沁凉感冲击了疲惫的神经，在忙碌的一天后，让人精神为之一振。

喝啤酒对许多人来说，似乎与"品饮"沾不上什么边。相反地，一旦拿起葡萄酒杯或是威士忌杯，就立刻挺直了腰背，摇晃杯身，在灯光下检视它的色泽，然后将鼻尖靠近杯口，轻轻地啜饮。搭配的餐点更是仔细讲究，品评之间，倘若有错误判断似乎就显得品味不佳，让人小心翼翼、马虎不得。

比起其他酒精饮料，台湾人喝啤酒的习惯，就好像在温室悉心照顾的兰花比起"青菜呷，青菜大"的鬼针草，啤酒就是拿来配热炒、烧烤、下酒菜，谈不上鉴赏。不过，打上"精酿"的名号，啤酒的价格却是三级跳。手上拿着棕瓶，在吧台谈笑风生，精酿啤酒俨然成为文青身上最潮的"配件"，地位不逊于一只进口腕表或手工皮鞋。

■ 欣赏精酿啤酒的酸香甜美

那么，精酿啤酒究竟是什么呢？精酿啤酒（Craft Beer），更贴切的翻译应该称为工匠啤酒，也就是将匠人精神（Craftsmanship）展现在各式啤酒的酿造上。相较于豪饮的姿态，它更讲究的是感官层次上的体验，让人细细品味个中巧思。而比起那些滋味平淡无聊的商业啤酒，精酿啤酒就像性格迥异、特质鲜明的人，喜好的风味虽没有好坏之分，但如同葡萄酒与烈酒一般，酿酒过程与原料调配的和谐度却能高下立判。

一般而言，啤酒的主要成分包含水、酵母、麦芽、酒花。品种选用、烘制时间、制作流程影响了饮用时的多重感官体验。视觉上可以观察啤酒颜色、泡沫、酒体质地，嗅觉上可能有花果酸香，或是咖啡、坚果、巧克力的焦香。进入口腔后感受到碳酸的冲击，抿在口中体验苦酸甜辣、浓淡厚薄，只要稍待片刻，喉头的尾韵悠然出现。

另外，饮酒时选用"门当户对"的酒杯会更加凸显不同啤酒的特色，展现地区民情的不同。啤酒酒系可以大致区分成旧世界的英国、德国、比利时，或倾向新世界的美国、澳大利亚和新西兰。其因水质、地理气候、工农业发展、社会阶级流动或政府法令规定等，拥有不同的历史进程。由此可见，啤酒鉴赏不比葡萄酒或烈酒来得容易，餐酒搭配学问也不见得比较简单。

■ 为延长保存而开始的啤酒历程

说起啤酒的历史更是源远流长。酿酒技术延长了作物的保存期限，加上体积缩小使其方便携带，也提升作物的单位营养价值 —— 为了获得更多的热量，我们的老祖宗从游牧打猎进入了农业定居时代。不仅如此，啤酒酿造的历史更与西方宗教紧密联结。不同于东方世界要求僧侣禁酒，西方教士在斋戒期间，白天不得进食，所以有"液态面包"之称的啤酒便作为补充营养的来源，只是不同于现代的啤酒，当时修道院制作的啤酒颜色深、酒精含量很低，酒后并不会坏事。

在大众普遍的印象中，啤酒都是黄澄澄的颜色，但其实在19世纪之前，市面上流通的啤酒都是以棕色与琥珀色为主。之后，在捷克皮尔森首创的浅色拉格（Lager）揭晓低温发酵的技术后，熠熠生辉的金黄色泽让啤酒从木质或陶瓷酒杯走入透明的玻璃杯，也向世人展示它高贵不凡的气质。酒体清澈透明的拉格，一改先前啤酒浓郁厚重的质地，清爽沁凉的口感也宣示了现代化冷却设备的革新。

■ 精酿啤酒的诞生

自此之后，各国纷纷效仿，而美国更将其推向了商业化制造的境界。修正了原本制酒的全麦配方，以玉米或大米取代部分蛋白质含量较高的麦芽，不仅泡沫减少，也让啤酒更容易装瓶，降低生产线的成本，但相较之下风味也平淡了不少。然而，这种淡口味的啤酒更适合畅饮，也因为价格亲民，虏获了消费者的心，使其产量大增，成了标准化制造的产物，开始风靡全球。从此之后，也奠定了至今大众对于啤酒呈现色泽金黄琥珀、清凉爽口的印象。

在这样的风潮下，反对商业啤酒单一化风味的声音出现了，精酿啤酒这个名词也应运而生。有的精酿啤酒展现了科学的超高水平，应用不同的添加物与技术创造丰富、新奇的微醺体验；有的则追溯到古老的配方，复刻百年不朽的风味，丰富了品饮者在味觉与嗅觉上更多的冲击与体验。

▌啤酒年表

公元前

9000年以前
啤酒起源。

6000
现存最早的啤酒配方被记录在美索不达米亚的黏土板上。

1776
古巴比伦的《汉谟拉比法典》记载最早的啤酒酿造及相关规定。

1789
法国大革命爆发，掠夺和摧毁了欧洲境内大多数修道院和其啤酒厂。

1710
第一款近代爱尔兰红色爱尔发布，酒款为史密斯威克（Smithwick's）酒厂的Smithwick's Draught Ale。

1664
修道院啤酒风潮开始，修道院啤酒涌现。

1810
巴伐利亚王国路德维希王子与泰瑞莎公主结婚。

1811
第一届慕尼黑啤酒节。

1814
伦敦发生啤酒水灾。

1817
Daniel Wheeler发明黑色专利麦芽（Black Patent Malt）。

1872
Georg Schneider成功争取到第一张可以酿造小麦啤酒的民营牌照。

1862
路易·巴斯德发明巴氏杀菌法。

1856
第一支比利时双倍啤酒（Westmalle Dubbel）问世。

1878
符合近代定义的深黑拉格首次被酿造，在此之前深黑拉格为上层发酵的黑色爱尔。

1887
多特蒙德市的工会成功酿制并发表多特蒙德出口型啤酒（Dortmunder Export）。

1890
在一次的意外中Reichelbräu酒厂发现酿造冰博克（Eisbock）的方法。

公元后

9世纪
酒花作为啤酒原料，第一次出现在酿啤酒的记录中。

1040
现存最古老的啤酒厂唯森啤酒厂（Weihenstephan）成立。

1366
跨国啤酒生产集团百威英博（AB InBev）的前身英博（InBev）成立，总部设立于比利时鲁汶（Leuven）。

1603
科隆市议会禁止低温发酵。

1589
巴伐利亚大公 —— 威廉五世创立慕尼黑皇家（HB）啤酒厂。

1524
酒花从荷兰传入英国。

1516
巴伐利亚《啤酒纯酿法》颁布。

1838
第一款老啤酒上市，是由Brauerei Schumacher利用爱尔酵母低温发酵酿造。

1839
捷克啤酒革命，市民酿酒厂在现今捷克皮尔森市成立。

1841
奥地利酿酒师Anton Dreher 发表维也纳拉格（Vienna Lager）。

1842
博世纳（Pilsner Urquell）酒厂成功酿造第一桶皮尔森。

1841
巴伐利亚酿酒师Gabriel Sedlmayr 利用该年的慕尼黑啤酒节推广梅尔森啤酒（Märzen），成了啤酒节的主题啤酒，得到Otoberfest Bier之名。

1892
今天的皇冠型瓶盖（Crown Cork）由William Painter在美国巴尔的摩发明。

1894
德国狮百腾（Spaten）酒厂酿制出了第一款慕尼黑淡拉格（Munich Helles）。

1899
在此之前，法律规定只有产自捷克皮尔森市的啤酒才能冠以皮尔森（Pilsner）之名，该年这一条规定被慕尼黑法院判定无效。

1903

巴斯（Bass）酒厂将品牌旗下最高浓度的老爱尔命名为大麦酒（Barley Wine）。

1906

科隆市开始酿造科隆啤酒（Kölsch），该类型在1918年被正式承认。

1907

英国Mackeson酒厂在1907年开发出一款Invalid Stout，也就是后来的牛奶世涛（Milk Stout）。

1975

美国精酿运动踏出了第一步。

1972

美国最具代表性的酒花卡斯卡特（Cascade）问世：在美国农业部的育种计划下，由俄勒冈州开发并种植。

1971

真爱尔运动（CAMRA）于英国成立。

1977

第一款美式淡爱尔，铁锚自由爱尔（Anchor Liberty Ale）问世。

1979

美国总统吉米·卡特（Jimmy Carter）使家酿合法化。

1985

啤酒评审认证协会（Beer Judge Certification Program，BJCP）成立。

2002

Oskar Blues首次将精酿啤酒装入易拉罐里。

1997

国际特拉皮斯联盟（ITA）成立。

1996

美国酿酒协会于当年度开始每两年举办一届啤酒世界杯大赛（WBC）。

1995

在几位成员的号召下，BJCP正式独立为非营利组织。

2005

美国酿酒师协会（Brewers Association）成立，简称BA。

2016

比利时啤酒文化被列入世界非物质文化遗产。

2016

美国精酿啤酒厂的数量首次超过5000家。

1919

美国开始实施禁酒令。

1933

美国禁酒令结束。

1946

英国政府禁止在酒标上使用"Milk"一词，造成今天来自英国的牛奶世涛（Milk Stout）多半以"Cream Stout"命名。

1966

Pierre Celis成立福佳（Hoegaarden）酒厂，白啤酒（Witbier）重新面世。

1965

堪称近代美国最重要酒厂之一的铁锚酿酒厂（Anchor Brewing）被Fritz Maytag以数千美元收购。

1956

第一支比利时三倍啤酒Westmalle Trappist Tripel问世。

1987

荷兰修道院La Trappe将旗下一款酒款命名为Tripel（三倍啤酒），自此Tripel作为啤酒类型开始被广泛使用。

1988

出版家Lothar Goldhahn成功复刻古斯啤酒（Gose）。

1991

Quadrupel（四倍啤酒）一词由荷兰塔伯特（La Trappe）修道院率先应用在其新酒款之上。

1995

第一款过威士忌桶的啤酒Bourbon County Brand Stout上市。

1994

俄罗斯河酿酒厂（Russian River Brewing Company）的老板兼酿酒师Vinnie Cilurzo，在加利福尼亚州的特曼库拉市研发酿造双倍IPA。

1992

西佛莱特伦修道院（Westvleteren）将生产线外包给圣伯纳（St. Bernardus）的权利收回。

2018

BA修改原先制定的精酿啤酒商定义，无变动的部分为"精酿啤酒商年产量依然需少于六百万桶，并拥有75%以上的啤酒厂所有权"。至于变动的部分则由原先"须遵循传统、创新的酿造原料和发酵来生产"，改为"精酿啤酒商必须持有来自烟酒税贸易局（TTB）酿酒商的通知，使得精酿啤酒商不需要通过酿造啤酒这个品项来获取绝大部分的收益，以及可以无所拘束地发挥，以酿造出风味绝伦的啤酒"。

解构啤酒原料

啤酒的历史可以追溯到公元前3000年前的美索不达米亚地区，古人发现吃不完的面包泡水静置几天后，居然就变成了味道甜美而爽口的饮料，这种大麦酒也成了啤酒的原型，延长了面包的生命，因此有了"液态面包"之称。

啤酒的原料包含水、麦芽、酵母、酒花，其中麦芽决定了酒的颜色、香味、酒体、口感、尾韵，彻底影响一瓶啤酒的样貌。

塑造酒体风味：麦芽
误信春讯的麦子——麦芽的发芽与烘烤

承袭于酿酒习惯与早期政府法规，当今大多数的啤酒都是由大麦酿造，偶尔也会加入其他谷物增添不同风味，如小麦、黑麦、燕麦、玉米、大米等。

大麦内储存了丰富的淀粉，可以经过发酵转换成酒精。但是这样的淀粉分子太大，无法让酵母直接分解利用，就如同米饭要经过唾液中的淀粉酶分解，才能被人体吸收。所以制作啤酒的大麦必须要先泡水，并给予适当的温度，让大麦以为春天降临而开始发芽。

而发芽过程中产生的"淀粉液化酶"会将长链淀粉转换成为短链淀粉，才能在发酵过程中被酵母使用。发芽的过程当中需要翻搅麦芽，以免芽根打结，并且观察发芽的程度。

经过专业的判断后，会将麦芽送去烘烤，烘烤过程中，不仅能在完美的平衡点中断麦子继续发芽，也可以通过不同程度的烘烤决定啤酒的色泽跟风味。

在烘烤的过程中，麦芽会产生美拉德反应或焦糖化反应，加深麦芽颜色，并产生烤面包的谷类香气，并赋予啤酒部分焦糖、奶油、坚果的甜香风味。烘烤的时间越长、温度越高，焦糖、咖啡、巧克力的香气会越明显，苦味也会越重。根据烘烤程度的不同，可以将麦芽大致分成浅焙麦芽、中焙麦芽与深焙麦芽。根据在发酵时提供的可发酵糖多少，也将发酵率高的浅焙麦芽称为基础麦芽，其他中焙、深焙、燕麦、小麦、黑麦等称为特殊麦芽。

■ 浅焙麦芽

浅焙麦芽的烤制温度较低，未破坏其中的液化与糖化酶，所以糖化的能力最好，对于发酵的重要性高，因此也称为基础麦芽；中焙、深焙、燕麦、小麦、黑麦等特殊麦芽也会与浅焙麦芽搭配使用，让其中的酶一同分解淀粉，以基础麦芽中的皮尔森麦芽最具代表性，酿出的啤酒口味较为清新爽口。

■ 中焙麦芽

中焙麦芽的烤温较高、烤色较深，面包、饼干的气味也更为凸显，其中包含了焦糖麦芽、水晶麦芽。焦糖麦芽是将泡水的麦芽加热，活化其中的糖化酶分解淀粉变成糖，之后再进行烘烤，使麦芽充分地焦糖化。当中产生的焦糖结晶无法被酵母分解，残留在酒中使酒喝起来较为圆润甘甜。而结晶化的麦芽也称为水晶麦芽，带有果干、太妃糖的焦香。

有些具有地域代表性的中焙麦芽也会以该区命名，如维也纳麦芽、慕尼黑麦芽。

■ 深焙麦芽

深焙麦芽的烘烤温度最高，其美拉德反应带来的风味最为显著，具有可可、巧克力、咖啡的焦香与苦味，在酿制过程中加入的量很少，以免咖啡的焦苦味太重。

■ 其他

另外，添加不同的谷物也会营造不同的口感与香气，如小麦麦芽的蛋白质含量较高，会让酒体比较浑浊、泡沫较多，带给啤酒更多小麦的风味与包覆的圆润感。燕麦的搭配也能增添滑顺、饱满的口感，而加入裸麦则带给啤酒更多香料与黑胡椒的气息。

麦芽的选择与处理过程塑造了啤酒的酒体，就如同我们观察一个人的五官、肤色、身材，除了第一眼的印象之外，举手投足之间也能判断他为人如何。麦芽之于啤酒，大概也是如此。

左右酒款气质：酒花
从配角跃升女主角

酒花的学名为蛇麻，又称为忽布（Hops），生长在温带地区的大麻科植物，是一种藤蔓植物的球果，因其专门添加于啤酒而得名。酒花早期只是添加在啤酒中的香料之一，但随着时代的变迁，今日酒花已跃升为酿造啤酒不可或缺的原料，给予啤酒缤纷的香味与苦味，并且具有防腐、澄清酒体、平衡甜味与维持泡沫的功能。

在酒花被广泛运用之前，中古世纪的人们在啤酒中加入大量的药草增添风味，并且由修道院控制了酿造这种药草香料酒的权力，称之为古鲁特（Gruit）。公元8世纪左右，随着西斯拉夫人引进加入蛇麻花的啤酒，日耳曼地区的修道院也开始使用

这样的配方。人们发现加了酒花的啤酒较不易变质，辛香味也特别好，而早期Beer专指加入酒花的啤酒，而Ale则是指加了古鲁特的啤酒。最后，酒花啤酒也逐渐取代了古鲁特，在公元14世纪开始流行。保存期限的拉长也促进了汉萨同盟之间的啤酒贸易，随荷兰商人传入了英国。英国人一开始拒绝在传统的爱尔（Ale）加入酒花，直到17、18世纪才慢慢接受，逐渐成为酒花的种植大国。

公元1516年，巴伐利亚公国颁布了巴伐利亚《啤酒纯酿法》，规定了现今德国一带酿造啤酒只能使用大麦、酒花与水（当时酵母尚未被发现）。除了稳定啤酒的品质，也能达成增加税金与政治目的，同时定调了当今酿制啤酒的主原料。

随着18世纪英国的殖民地遍布美洲与南太平洋地区，这些地方也开始种植酒花，并且成为了现今世界上酒花的生产大国。在20世纪70年代，美国带有强烈果香与花香的酒花开始出口到欧洲，知名的美国酒厂铁锚（Anchor）与内华达山脉（Sierra Nevada）酒厂也首先使用了带有柑橘风味的酒花，成为美式IPA（American IPA）的始祖。

现代酒花的主要功能是赋予苦味与增添香气，其中的树脂与精油成分含量影响了啤酒的风味。树脂中的 α -酸是啤酒中苦味的来源，具有抗菌与防腐的效果。根据酒花的 α -酸值与精油含量，可以将其分类成苦味型、香味型与两用型。

而根据种类和预期效果，酒花适合投放的时机也不同，最主要可以分成麦汁煮沸时或是冷却后的发酵阶段。在煮沸期间投放，时间与苦味的释放成正比；在煮沸结束前投放，则能赋予较多的香气。如果在发酵的阶段，以干投（Dry Hopping）的方式处理，则能让香气停留但又不至于释出过多的苦味。

酿酒师可以依据需求选择酒花锭、酒花萃取液、整朵或是加压干燥的酒花，虽然投放新鲜的酒花（Wet Hopping）香味更加浓郁，但保存难、成本高而操作不易。

不同种类的酒花也让各地的啤酒产生不同的风味，大致可以分为欧陆贵族系、英系、美系与南太平洋系的酒花。

■ 欧陆贵族系酒花

风味温和细腻，香味富有层次，苦味含蓄优雅，带有贵族般高雅庄重的气息，在欧陆传统型的啤酒酿造中扮演重要的角色，带有花香、辛香、草本植物、树皮的气味。例如捷克的萨兹（Saaz）带有特殊淡雅的花香与平顺的苦度、德系的哈拉道（Hallertau）、斯佩尔特（Spalt）、泰特昂（Tettnang）以香料、药草味为其特征。

■ 英系酒花

同样属于传统的酒花体系，风味表现较为内敛，带有干草、花香、薄荷、茶叶或是木质土壤的风味，例如东肯特戈尔丁（East Kent Golding）具潮湿土壤与木质风味；法格尔（Fuggle）则额外带有一点烟草香；地平线（Horizon）的淡淡花香与柑橘味，或是香料味浓厚与苦感较强的目标（Target）。

■ 美系酒花

柑橘水果的味道突出，带有葡萄柚、柳橙、柠檬的味道，伴随草本植物、木质与树脂的芬芳，而日新月异的酒花品种更出现了李子、樱桃、瓜果或是玫瑰花香。如热带水果味突出的西楚（Citra）、带有温和葡萄柚柑橘味的卡斯卡特（Cascade），或是苦感强劲，药草、松针、橙皮香气明显的奇努克（Chinook）。

■ 南太平洋系酒花

新世界的酒花风味涵盖较广，表现自由多样，花香与热带水果的风味显著，带有芒果、百香果、菠萝的香气。如新西兰的太平洋翡翠（Pacific Jade）或带有杏桃味的味之道（Wai-iti），而尼尔森·苏维（Nelson Sauvin）则以白葡萄酒的香气出名。

使用一样的麦芽，但是添加不同的酒花则会酿成截然不同的啤酒，例如苦啤酒（Bitter）与美式淡色爱尔（American Pale Ale）、世涛（Stout）与黑色IPA（Black IPA）、白啤酒（Witbier）与小麦爱尔（Wheat Ale）等。

由此可见，如果说麦芽给予了啤酒的酒体，决定了啤酒的基础风味，那么酒花可以说是塑造啤酒的关键，给予每支啤酒与众不同的气质。

酸碱度微调风味：水

水是啤酒最主要的原料，占有90%以上的比例，又富含微量营养矿物质元素，以"液态面包"的形式延续了谷物的保存期限。

酿酒师通常称酿酒的水为酿造水（Brewing Water），而理想的酿造水pH为5.5～5.8。流水接触岩石、土壤后会溶解出矿物质，特定的矿物质会改变麦汁的酸碱度并且形成不同的风味，也因此发展出了不同区域特色的啤酒文化。

■ 展现原料本色：软水

矿物质含量低的软水喝起来没有什么味道，因此适合酿造风味干净的啤酒，例如捷克皮尔森市（Pilsner）的水质属于软水，没有杂味的特性让浅色麦芽的甘甜与含蓄的酒花苦味得以发挥，培养出了皮尔森啤酒这种酒体清澈、味道清爽、干净的浅色拉格。

■ 酿造强劲风味：碳酸盐

碳酸盐含量高会让水呈现碱性，不适合酵母繁殖。但是德国慕尼黑（Munich）的酿酒师发现，如果使用深焙麦芽会比浅焙麦芽熬出的麦汁容易发酵成功，后来才知道是酸性的深焙麦汁中和水的pH，提供适合酵母发酵的弱酸环境，塑造了经典的慕尼黑深色拉格（Dunkel）。

另一方面，碳酸盐的咸味也能中和麦汁的甜味，彼此相辅相成酝酿了风味浓厚的啤酒，例如爱尔兰的都柏林（Dublin）也会使用深焙麦芽降低该区水质偏高的pH。碳酸盐平衡了世涛（Stout）中麦芽的甜度，营造了更加干爽、收敛的口感，该区水中含量高的氯化物也增加了酒体的饱满度。

英国伦敦（London）的水质富含碳酸盐与钠，所以适合用深焙麦芽酿造，而钠离子也能增添啤酒饱满圆润的口感，造就波特（Porter），成为造访伦敦必喝的经典款之一。

奥地利维也纳（Vienna）的琥珀拉格（Amber Lager）除了因为使用中焙麦芽酿造而呈现琥珀色泽外，水中碳酸盐的加乘作用也让烘焙后的麦芽释放出更多的色素，因此酒体呈现偏红的琥珀色，同时具有轻盈的麦甜风味。

■ 加强酒花风味：硫酸盐

英国伯顿（Burton-Upon-Trent）的硬水富含钙与硫酸盐，尝起来较为苦涩，但相对可以加乘酒花的苦味，因此适合酿造印度淡色爱尔（IPA）或是苦啤酒（Bitter），凸显酒花带有的药草清香或是果香，整体口感干爽。

水是啤酒的原料中最难掌握的一块，一般而言酒厂会更加重视麦芽、酒花与酵母的表现，让水的特性退居到啤酒的主要风味之后。但就如同人体的血液，水身为啤酒最主要的成分，这位"低调的功臣"能让啤酒充分地展现不同的性格，在酿酒时扮演着不可忽视的角色。

决定风味的终站：酵母

经过麦芽与酒花的洗礼后，发酵是决定啤酒主要风味的最后一站，也是将麦汁变为酒的关键阶段。在发酵的过程中，除了大量产生的酵母菌会排挤其他的杂菌使其难以生存，产生酒精之后也同时扮演杀菌的作用，所以在自来水系统不发达的年代，啤酒是比水更为安全的饮料。

酵母发酵阶段

■ 主发酵期

麦汁中的酵母会大量繁殖，消耗麦汁中的氧气，同时，也能降低啤酒味道被污染的可能。在缺氧的环境下，酵母菌将进行无氧呼吸，代谢麦汁中的糖分，并且产生二氧化碳、酒精，同时也会产生其他化合物，增添啤酒风味的层次。刚开始发酵所产生的热能会让液体温度升高，并且产生大量的泡沫，形成厚厚的酒帽，这个现象根据不同的啤酒将延续1~7天。

■ 第二次发酵期

当短链的麦芽糖被酵母消耗完之后，会进而分解长链的糖。而在主发酵期挥发出的化合物也会慢慢回归到麦汁中，发酵的速度也趋于缓和。

■ 熟成期

第二次发酵期与熟成期酵母进行的反应是重叠的，酵母仍旧会继续消耗与代谢糖类并产生副产物，酒体会慢慢成熟，青涩的啤酒风味会逐渐变得柔和。此时，酵母也会渐渐沉淀，使酒体变得澄清。

而挥发出来的化合物中，像是具有馊饭味的双乙酰，或是类似青苹果味的乙醛，诸如此类的风味若断续存在则酿造出来的酒会有不耐人品味的风味缺陷。因此在酵母熟成期，会调升温度，让酵母再度吸收它们，转变为非风味缺陷的产物。

▌啤酒酵母种类

啤酒的酵母可以大致分成适合高温发酵的爱尔酵母、适合低温发酵的拉格酵母与自然发酵的酵母。

■ 爱尔（Ale）酵母

爱尔原指"麦酒"，爱尔酵母在发酵期间会慢慢上升到啤酒表层，因此又可以称为高温发酵，适宜温度在16~21℃，发酵时间2~3天，熟成时间大概两周，此类酵母酿造出来的味道会使啤酒层次比较复杂，通常带有水果与香料的香味。

■ 拉格（Lager）酵母

拉格是德语的"窖藏"的意思，意指啤酒经过窖藏熟成。在19世纪之前，拉格在德国是指底层发酵、低温保存，而现今德国拉格则泛指南德的啤酒，如淡啤酒（Helles）或深啤酒（Dunkel）。拉格酵母需要长时间的低温熟成，温度为4~7℃，发酵时间4~8天，4~6周熟成。拉格酵母酿出来的啤酒相对于爱尔口味较为干净，也较能凸显啤酒的麦芽、酒花风味。

▌其他发酵类型

除了人工添加酵母的啤酒，天然发酵的酸啤酒更带给啤酒难以预测的风味。天然发酵的啤酒指的是利用环境的菌自行发酵，如在开放式的冷却槽中冷却麦汁，或将啤酒在木桶中陈放，让大自然中的野生酵母或细菌与其作用。

因此，天然发酵的酸啤酒（Lambic）会添加大量陈年酒花，防止啤酒腐败。一般而言，酸啤酒会有类似白葡萄酒般水果的香气与酸味，伴随小麦淡淡的香气。

乳酸菌也是大自然中常见的微生物，会产生类似养乐多的酸香，尝起来也有酸味，常与爱尔酵母一起使用。例如在橡木桶中熟成的法兰德斯红色爱尔啤酒（Flanders Red Ale），带有葡萄的果香、酸香与甜味，色泽偏红，因此又称为啤酒界的红葡萄酒。柏林小麦啤酒（Berliner Weisse）与古斯啤酒（Gose）类似柠檬汁的酸气也是典型乳酸菌造成的效果。

另一种常见的细菌为醋酸菌，其可将酒精转变成醋酸，其生成的酯类化合物是果香的重要来源，常见于桶陈啤酒，带有果酸、果醋的味道，例如比利时女皇爵黑啤酒（Duchesse De Bourgogne），带有乌醋、烟熏乌梅的酸香。

除了发酵的菌种多样，发酵过程也不见得必须在啤酒工厂中进行。许多的比利时啤酒会在啤酒装瓶后投入额外的酵母，甚至还会再加糖，让酵母在瓶中进行第二次，甚至是第三次发酵，这种啤酒可以陈放，时间越长，风味越成熟。

虽然大部分的啤酒类型是以发酵方式区分，然而不见得所有啤酒都可以对应到理论上的发酵方式，例如德国的科隆啤酒（Kölsch）与老啤酒（Altbier）便是属于低温顶层发酵的爱尔啤酒；美国的蒸汽啤酒（Steam Beer）是将拉格酵母在爱尔的发酵温度下发酵。

而德国多特蒙德的出口型啤酒（Dortmunder Export）的酿造水为来自地表的硬水，其中的硫酸盐可以萃取出较多酒花的苦味与麦芽中的风味物质，适合酿造同时富有大麦清甜与酒花特色的浅色拉格，前味甘甜而苦韵干爽，带有矿石的风味。

苏格兰的爱丁堡（Edinburgh）其中比例较高的硫酸盐与碳酸盐可以更凸显麦芽风味，所以苏格兰爱尔（Scottish Ale）反而不太添加酒花，使得这款爱尔富有麦香与麦甜。

啤酒的酿造过程

麦芽先泡水发芽，放入烤箱烘烤至想要的程度。将烘烤过的麦芽碾碎后加入温热水混合均匀，等待麦芽糖化，也就是将淀粉转化成糖分。

接着过滤糖化后的麦汁，加入酒花煮沸，这个步骤不仅可以减缓啤酒腐败的速度，同时，也是啤酒苦味与香味的来源之一。此时会随着配方，加入其他的辛香料增添啤酒的风味，例如常见的有香菜（芫荽）籽、肉豆蔻、丁香等。

再经过一次滤渣的步骤，并且快速冷却，然后将液体倒入另一个大锅中加入酵母，在一定的温度控制下发酵，消耗麦汁中的糖分，进而产生二氧化碳、酒精与其他的风味物质。同时也会依据啤酒类型的不同，加入果汁、橙皮、咖啡等辅料。数周后，麦汁发酵完成，接着倒入发酵槽或是钢桶中熟成数天甚至是数月，酿酒师会用比重计测量麦汁的糖度，监测啤酒发酵的程度。一般而言，酵母越多，发酵越完整，酒精浓度与二氧化碳也会越多。

待啤酒熟成完毕后，有些酒厂会过滤酵母，获得酒体较为澄清的啤酒，或进行巴氏杀菌，避免残留的细菌影响啤酒品质。然而，也有一些酒厂反其道而行之，在装瓶时投入糖或酵母进行第二次发酵，又称作瓶内熟成（Bottle Conditioning），让酵母在瓶中继续发酵。随着时间的推移，也会让啤酒的风味层层递进，同时创造更丰富的二氧化碳口感。

最后，将啤酒加盖、包装，静置一段时间，就能大口享受美味的啤酒了！

▊ 啤酒酿造过程图

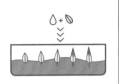

泡水发芽

生大麦在适当的湿度与温度下，会开始萌芽，将大麦内部的淀粉变成发芽生长所需的糖分。

烘烤麦芽

在烘烤的过程中，麦芽会产生美拉德反应或焦糖化反应，使麦芽颜色加深，并产生烤面包的谷类香气。

碾麦

将麦芽碾碎。

糖化

将碾碎的麦芽和温热的水混合（62~70℃），经过1小时左右将麦芽分离出得到麦汁。

等待发酵阶段

需经1~2周。

发酵

加入酵母。

冷却

迅速降温至酵母发酵的温度。

煮沸

将麦汁煮沸（杀菌、萃取酒花、浓缩麦汁）。

过滤

将发酵好的酒体过滤。

澄清酒体

装桶/装瓶

品饮

啤酒的包装

罐装啤酒

质量轻并且携带方便，可以做到完全不透光的效果，防止啤酒氧化，虽然铝罐的制造成本较低，会给人质感比较差的印象，但现在也有许多精酿啤酒厂使用插图精美的罐装啤酒，同样也能让罐装啤酒留下令人深刻的外观形象。

瓶装啤酒

通常啤酒瓶的颜色分成棕色、绿色、透明等。棕瓶因为添加了铁离子而遮光效果最好，可以避免光照造成酒花变质，成本也比较高，因此在棕色玻璃短缺的"二战"期间，出现了代替棕瓶的绿瓶而普及全球。

绿色与透明的瓶子遮光效果差，成本较低，多为商业啤酒厂商使用。有些啤酒以苦味跟香味物质已经挥发的陈年酒花酿造，因此这种类型的啤酒不会因为光照走味，也同时保留了酒花防腐的作用。

瓶装外形比起罐装更稳重，而被普遍认为瓶装啤酒的风味会优于罐装啤酒。但事实上，大部分的商业啤酒罐装的风味会比瓶装风味保留得更完好。当我们将同款但分别是绿瓶装与罐装的啤酒倒出来喝时，绿瓶的啤酒会有一种光照产生的臭鼬味（Skunky），类似于猫尿味，属于一种风味缺陷，但也有人偏爱这种味道。

桶装现压啤酒

早期传统的桶装啤酒未经过滤或高温杀菌，直接从酒桶中汲取而来，因此得名生啤酒（Draft Beer）。而现代的桶装啤酒泛指透过气体加压将冷藏中的啤酒打出来，因此现在直接从酒桶压出来的啤酒不见得就是生啤酒。一般来说，桶装啤酒开封接触空气后保存不易，很快就会变质，因此保质期短而强调新鲜现饮。

除了桶装之外，现在也有许多瓶罐装的啤酒填入氮气，在倒酒时产生厚实绵密的酒帽与丰富的碳酸口感，就像饮用桶装啤酒一般。

■ 常见的瓶盖类型

■ **皇冠型啤酒盖（Crown Cork）**

这是由威廉·佩特（William Painter）于19世纪注册美国专利的24齿瓶盖，根据威廉的说法，这种瓶盖"加冕了瓶子，并赋予其出色效果"。随后不断改良，发现21齿的瓶盖咬合与密封度最好，而广泛使用于今日的市场。

■ **摆扣型啤酒盖（Swing-top）**

在廉价的皇冠型啤酒盖普及前，摆扣型啤酒盖是市面上最常见的啤酒盖之一。其前身为"闪电型瓶盖"，兼具了软木塞密封功能而且可以重复利用的优点。如今已将材质改为塑胶，避免木质腐败影响啤酒品质。

■ **香槟盖（Champagne Cap）**

经过二次发酵的比利时啤酒瓶内的压力会随时间而增加，使用金属瓶盖与铁丝包裹的香槟盖能够压着增多的二氧化碳，以免酒液冲出瓶盖。早期香槟盖的运用是为了避免运送过程中的摇晃，导致香槟的软木塞喷射出去，因此同样也适用于二氧化碳含量多的比利时风格啤酒。

在ABV的四家店都可以看到这样一台机器，可以将皇冠型的啤酒盖压扁，当作纪念品带回家喔！

Chapter 2

来喝一杯吧！

饮酒杯的讲究

　　啤酒发展的进程与啤酒杯相辅相成，因不同的地区、文化背景、啤酒特色而产生了对应的啤酒杯。一般而言，饮用不同的啤酒适合使用不同的杯子来强调啤酒不同的特质，但是杯型设计仍有一些通用的规则可循。

　　例如宽口的酒杯可以强调嗅觉体验，让香气扩散，适合酒花或是发酵特色主打的啤酒；窄口较重视味觉的冲击，容易入口，常用于强调麦味的酒款；上窄下宽的杯型有助于维持泡沫，锁住香气，呈现味道复杂的啤酒。也有兼容嗅觉与味觉体验的酒杯，适用于英美体系的啤酒。另外，修长的杯型给人高雅的印象，适合啜饮味道细腻的啤酒；大容量的杯身方便供人豪饮，所以通常都是盛装淡口味的啤酒。

■ 圆锥品脱杯 Conical Pint

　　品脱原是英制的体积计量单位，1英品脱≈570毫升，装完这一杯刚好是一品脱，上宽下窄的设计让人容易持握，适合聊天社交时拿在手上，也能品味出啤酒花与酵母的香气，适合英式的爱尔或是波特、世涛啤酒，也适用于富有酒花特色的IPA或淡色爱尔。

■ 不缺角杯 Nonik

　　由Alber & Co的Hugo Pick所设计，此款杯型最大的特色在于环状突出的设计，十分方便于手拿，防止滑落而摔出缺角，也可以让杯子堆叠时更加稳固，杯子间也不会因此卡住，常用于饮用英式爱尔或社交型啤酒的场合。

■ 英式郁金香品脱杯 English Tulip

　　出现于20世纪初的杯型，郁金香品脱结合了品脱杯宽口容纳酒帽的特色，与郁金香杯收口集香的功能，早期主要用于盛装爱尔兰世涛，现在也常见于欧洲大陆型的拉格。

■ 扎啤杯 Dimpled Mug/Jug

　　这种带柄的圆球杯型，表面有许多大格子，清洗时不易滑手，外形很像有把手的手榴弹。厚实的杯壁不仅可以减缓啤酒升温，碰撞时也不易碎裂，适合畅饮与碰杯，常见于酒吧与啤酒节，盛装社交型或是拉格类型的啤酒。

■ 高脚郁金香杯 Belgain Tulip Glass

　　其外形貌似一朵盛放的郁金香，杯型收口的设计可以让香味集中，中段收窄的部分可以保留香气，并且帮助维持泡沫。外张的杯缘可以扩香并贴合嘴形，容易入口，适合香味复杂的爱尔或比利时啤酒。

■ 圣杯 Chalice/Goblet

　　Chalice和Goblet都称为圣杯，高脚杯型的设计源自于基督宗教的仪式，Chalice比起Goblet杯壁较厚，质量较重。圣杯的特色在于开口人、瓶身浅而底部宽，有助于酒体产生泡沫与减缓其消失的速度，适合泡沫细密的修道院啤酒。

■ 笛型杯 Flute

这种杯型适合饮用香槟，瓶身集中收口的设计可以聚拢泡沫，集中啤酒的香气，流线型的杯身设计给人优雅尊贵的感觉，呈现酒的颜色与气泡，用于品饮富有水果香气的比利时啤酒。

■ 小麦啤酒杯 Weizen Glass

发源自德国的小麦啤酒杯有着优雅的曲线，展现小麦啤酒的色泽，适合手握的弧度，较宽的背口设计帮助聚集香气与累积泡沫，而细长的杯身也能减缓二氧化碳逸散的速度。

■ 闻香杯 Snifter

顾名思义，这种杯型能加强香气的汇集，又称为白兰地杯，常见于品尝干邑白兰地等烈酒，大肚收口的设计适合摇晃且不易溅出，借此释放更多的酒香，适合盛装具有特殊风味、酒精浓度较高的啤酒，如双倍、三倍比利时爱尔，或是帝国IPA。

■ 直口杯 Stange

Stange是德文中柱状的意思，直身的设计可减少酒体与外界接触，让易挥发的芬芳物质保持在酒内，容量通常为100~200毫升，须在泡沫消失前饮用完毕，常用于传统的德式啤酒与科隆啤酒。

■ 皮尔森杯 Pilsner Glass

这是专为皮尔森啤酒设计的酒杯，上宽下窄的设计可以支撑泡沫，细长透明的瓶身可以呈现浅色拉格啤酒的金黄色泽，欣赏泡沫上升的美感。杯脚的设计可用手指拿捏，避免手温接触到杯身，让啤酒保持冰凉。

■ 威力比切杯 Willi Becher

标准的德式啤酒杯，据称是由Willy Steinmeier所设计，瓶身的上下差异不显著，微微收口的设计有助于香气集中，适用于德式爱尔或拉格啤酒。

■ 传统德式生啤杯 Beer Stein

这种杯子最大的特色在于啤酒杯顶部有盖子，材质可能为玻璃、金属、木头或瓷器，而盖子的作用在于中古世纪黑死病流行之际，避免带有传染病的苍蝇掉进杯子里，饮用时可以按压杠杆掀开杯盖，现在多为纪念、观赏之用。

■ 啤酒靴杯 Beer Foot

啤酒靴杯的起源众说纷纭，其中一个说法是普鲁士帝国时期，一位将军与他的士兵打赌，如果赢了接下来的战争，他就会用靴子装酒喝下去。另一个更常见的说法是为了纪念20世纪德国战争时期的士兵会以靴饮酒。有人说在行军之际没有容器时，士兵会以靴代杯盛装啤酒；也有一说是靴子在德国被视为幸运的象征，士兵们认为打仗前喝靴子里的酒可以带来好运。

■ 雪克杯 Shaker

美式的雪克杯造型简单，上宽下窄，大小适用于手摇调酒杯，所以较外形相似的圆锥品脱杯更为强壮，容量通常是473毫升，适用于所有的啤酒类型，例如IPA、爱尔啤酒、拉格、世涛等。

■ 查理五世的四把手杯 Charles Quint Mug

奥匈帝国和西班牙最伟大的君主之一，中世纪的哈布斯堡王朝的查理五世也是历史上有名的啤酒迷，豪格爵士（Charles Quint）这款知名的比利时强爱尔（Strong Ale）也是豪格（Haacht）酒厂以他为名，纪念这位爱喝酒的国王。

四把手杯的由来据说是在某个酒吧里，当侍者将装有啤酒的马克杯给查理五世时，他不高兴杯子另一边没有手柄让他从侍者手中接下酒杯。后来酒吧设计了另一款对向也有把手的马克杯，但却又被再度嫌弃，若不是坐在侍者正对面，手柄的方向依然无法让人接下酒杯。于是酒吧就将其改良成四个把手的马克杯，让客人无论从任何方向都能拿到酒杯，此杯也因此以查理五世命名。

■ 夸克杯 Kwak

Kwak是一款比利时强淡色爱尔啤酒，而为它设计的专属酒杯也称为夸克。这支酒杯是在18世纪时为马夫而设计的酒杯，头底宽大、中段细长的瓶身可以固定在马鞍上，也能锁住啤酒的香气。瓶口扩大又微内收的设计可以保持泡沫，保护啤酒不因氧化而变质。

夸克杯

查理五世的四把手杯

认识风味，更懂品饮

■ 清洁杯子

啤酒杯的清洁应该使用清洁剂以冷水冲洗，再用海绵、抹布等柔软、不掉棉絮的材质擦拭，以免刮伤杯壁。干净的杯子会在杯壁留下挂杯（Lacing）的痕迹，像蕾丝一样挂在杯壁上；不够干净的杯子在倒入啤酒后会产生气毯，像一堆小泡泡聚集在杯壁上，这代表有清洁剂或油脂等物质残留。

■ 倒酒的方式

我们常会看到有人直接对口饮用瓶装或罐装的啤酒，但在品饮时建议将啤酒倒入杯中，不仅可以闻到啤酒的香气，还能观察啤酒的颜色、泡沫，创造更丰富的感官体验。将瓶装或罐装的啤酒倒入杯子时，应将杯子倾斜45度，避免过多泡沫产生，在杯装七、八分满时直立酒杯，制造绵密的泡沫，可以隔绝空气减缓啤酒氧化的速度。

■ 闪烁的酒体

品味啤酒的第一关就是欣赏光源下啤酒的色泽和澄清度。啤酒的色泽与麦芽烘焙的程度关联性最大，而澄清度则与麦芽的选择、酵母过滤与否有关。另外，我们也可以透过观察泡沫的颜色、泡沫的多寡与消失速度来鉴赏杯中的琼浆玉液。

■ 嗅一下杯口边的啤酒香

啤酒的香气很容易在倒酒后逸散，因此应该把握良机，闻一闻这款啤酒是飘散着酒花香气还是麦香更为丰厚？或是隐约透露发酵后的特殊风味？通常美系、南太平洋系的酒花带有柑橘、热带水果、青草的味道，而德系则有麦芽的香气。若闻起来有巧克力、咖啡的炭香，则很有可能是英系的波特（Porter）或世涛（Stout）。比利时风格啤酒的香气带有复杂的果酸与香料的气味。

■ 适饮温度

不同的啤酒类型有其适饮温度，碳酸感较强、酒体清爽的拉格（Lager）建议在4~8℃饮用。而爱尔（Ale）的香气突出，层次较为丰富，如果饮用时温度太低，会使得味蕾的感受度降低，所以从冰箱拿出来后，不妨稍等片刻等待啤酒回温到12~16℃再享用。

另外，碳酸感的强度也会影响感官体验。例如小麦啤酒和皮尔森啤酒这类有较强碳酸感的啤酒喝起来清凉爽口；而含气量较少的英式啤酒喝起来口感较圆润，追求较为优雅的尝味体验。

▌感受前中后味

啤酒的味道有前、中、后的不同，应该秉持"先品再饮"的原则，首先轻啜一口，感受啤酒的碳酸感与酒精浓度，是清爽还是浓郁的酒款？一般而言，度数低的啤酒喝起来口感轻盈，而度数高的啤酒喝起来口感较为饱满，带有一点黏稠的咀嚼感。

让啤酒在口腔中打转片刻后，便能分辨出这支酒是属于强调麦味还是凸显酒花的酒款，抑或是两者风味均衡的味道。紧接着让酒液滑入口腔中，可以慢慢感受出啤酒不同的层次。例如苦与香的感受可能取决于使用的酒花的种类与多寡或是麦芽的烘焙程度；而甜和酸的多寡则与麦芽、酵母品种与发酵程度有关。而丁香、苹果、香蕉、爆米花等味道则来自不同的化合物。其他辅料也会让啤酒带有点鲜味（Umami），例如英国的牡蛎啤酒。

餐酒搭配的品饮美学

想象一下，香煎鲑鱼搭配上清脆多汁的芦笋，淋上柠檬香草奶油酱，并且在旁点缀几滴葡萄黑醋酱，肉类油脂的风味、蔬菜的鲜美与酸甜的酱汁交融，提升鲑鱼原有的滋味，为主菜增色了不少。如果不同的味觉元素能够升华料理的风味，那么以同样具有酸、甜、苦、辣、咸、鲜味的啤酒搭配餐点，也可以达到相似的效果。

啤酒的种类繁多、风味迥异，难有"红肉红酒、白肉白酒"显而易见的准则，但也代表我们有更多机会享受上百种啤酒与料理的组合。若能事先知道啤酒的味道，则容易选择适合的搭配，但如果不晓得这款啤酒跟餐点是否和谐，以下原则可以作为参考。

■ 从风味香气巧搭餐

当我们在判断啤酒味道的强弱时，可以从酒体颜色、香气、口感与层次着手，而餐点味道的浓淡可以从烹调的手法、调味的方式、食材的主体推测，例如羊的肉味比鱼更加浓厚。

一般而言，最简单的餐酒组合以"风味强搭强、淡搭淡"为原则，酒体浓厚、层次丰富、酒精度数较高的啤酒比较适合风味浓郁的餐点；倘若想要品尝啤酒细腻的风味，搭配清淡菜肴会比较好。然而重口味的餐点也可以饮用带有酸、苦或涩味等较为轻盈的啤酒来清理口腔的油腻感，重振疲乏的味蕾。

■ 从季节、地区巧搭餐

除了相衬的风味，采用当季或当地的啤酒与餐点相佐也是绝对不会出错的选择。例如万圣节前后推出的南瓜啤酒，带有麦芽及南瓜醇厚甘甜的风味，与十一月感恩节烤鸡或土豆泥和砂锅炖菜十分相配。再想象一下地酒与地菜的搭配，如外皮香脆、肥瘦均匀的猪脚，或是肉汁浓郁的香肠，搭配清凉爽口的德国小麦啤酒一起享用，着实是人间一大享受！

如果知道了啤酒的味道，那么以下的方法可以助你更容易找到相称的风味。

▋共鸣风味

啤酒与食物有许多共同特征，例如啤酒中烘焙麦芽的麦香与煎牛排的焦香，都与食物的焦糖化与美拉德反应有关，因此可以想象深焙的黑色爱尔配上烤肉薄饼与洋葱酱是一个匹配的选择。另外烟熏啤酒与炭烤食物同样有烧烤的味道，适合一同享用。

▋升华风味

我们也可以从味觉经验开始着手，运用不同的风味组合，提升啤酒与料理原有的滋味。例如啤酒的苦味让蔬菜吃起来更甘甜，与碳酸感同时都会增强辣度；带有酸味与甜味的啤酒也能提升油脂的风味，为食材提鲜。

▋平衡风味

味道重叠有时可能会无法展现菜肴主体的特色，所以采用相反的风味也能创造出抑制或者对比的效果。例如碳酸感与苦味可以刮除口中的油腻或甜腻感，因此常看到酒花风味强烈的啤酒搭配大蒜、奶油料理的肉类；而啤酒中的甜能够抚平酸、苦、咸、辣等刺激的味道。举例来说，带有焦糖麦芽风味的啤酒适合佐以咸味的硬质干酪。

食物同时也可以为啤酒增色，比如乳脂的鲜味可以降低啤酒的酸感，因此味道温和的羊乳干酪搭配季节啤酒、兰比克可说是相得益彰。

▋永远不合的味道

食物与啤酒的组合风味万千，根据个人喜好有所不同，但是仍有几个不配的组合——酸味与苦味会互相冲突，让彼此更酸或更苦涩；浓厚的风味会覆盖细腻的调味；带有苦、酸味或是强烈碳酸感的啤酒搭配辣味的餐点，会大幅增加辣度，那简直让非嗜辣者直冲云霄！

▋善用风味轮

在刚进入品饮世界时，我们最开始通过嗅觉及舌头上的味蕾辨识出酒款的风味与味道，却不一定知道怎么形容，可以借助风味轮上的文字来表达。从风味轮的中心开始看起，喝下去第一口的感受如草本，有些许花香味，带点水果味，又有点谷物的味道，酒体厚实且有种陈年感，品尝起来带有酸度等。因为辨别这些风味与味道，是借由我们过去品尝过并且留在脑海中的记忆。因此在文字的表述上，若没有经过专业的训练，很难一次清楚明确地说出很细腻的味道。而这个风味轮是将啤酒可能有的最细腻味道一一分类，如草本味道，再细分成橡木、松树、鼠尾草、烟草、香菜或芹菜等，因此，在品饮过程中，借由风味轮上所写的风味与品尝时所感受到的味道记忆进行比对，更精准地确认并认识这支啤酒的风味表现。

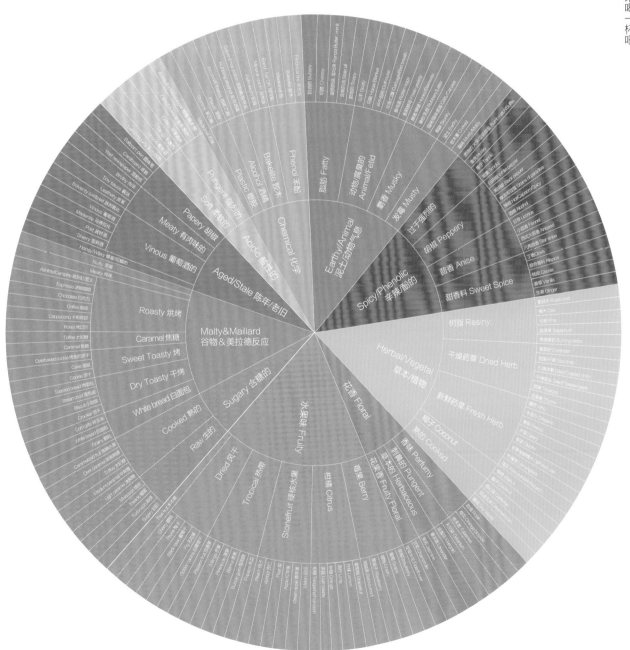

Chapter 3

德式啤酒
—— Germany Beer ——

　　一般谈到德式啤酒时，主要包含源自捷克、奥地利、德国这三个日耳曼国家的啤酒类型，共同特征为清爽易饮并且耐喝。而这三个国家也恰好是全世界人均啤酒消耗量最高的，对啤酒的热衷与喜爱可见一斑。

　　与其他主要啤酒生产与消费国家相比，啤酒在他们民族情感和文化之中有着不可或缺的重要性。对德国人来说，啤酒不仅仅是饮料，还是种生活。公元1516年颁布的巴伐利亚《啤酒纯酿法》虽然限制了啤酒酿造的原料，不过，热爱啤酒的德国人，还是创造出许多不同的风格类型，奠定了现在德式啤酒的基础。

　　巴伐利亚《啤酒纯酿法》（德语：Reinheitsgebot）是世界上最古老的啤酒法令，也是最早的食品安全法，政府制定一系列的法规以限制啤酒成分，以及对啤酒销售价格的管控与征收税赋等。

　　该法令的前身可追溯至中世纪的神圣罗马帝国，1487年慕尼黑公国首次通过该法令，并在巴伐利亚统一后，于1516年4月23日成为巴伐利亚版本的《啤酒纯酿法》。因为当时"德国"这个国家尚不存在，故现今的德国《啤酒纯酿法》与当时的巴伐利亚《啤酒纯酿法》有着显著的差异。

　　巴伐利亚《啤酒纯酿法》的制定，一方面是为了保护人民的健康，二来经济利益也是相当重要的考量因素。在当时北部与现今比利时习惯使用香料酿酒，包含了著名的香料配方"Gruit"。除此之外，在酒花被用于增加香气和延长保存期限前，人们也尝试使用各种药草，如艾草、茴香、八角等，甚至使用毒性很大的曼陀罗、罂粟等来酿制啤酒。

　　故该法令规定，从今往后酿造啤酒只能使用大麦、酒花和水，也间接保护了当时用于制作面包的小麦、裸麦，防止这些原料被用于酿制啤酒，避免价格波动导致发生饥荒；同时，开始对大麦征收税赋。由于这样的酿造规范，也使得巴伐利亚地区逐渐发展出自身的啤酒工业。

　　即使该法案在1987年被欧洲法院正式废除，但以巴伐利亚《啤酒纯酿法》而自豪的德国酒厂及民众仍然大多信守这一法案。五百多年来的坚持，德国啤酒已成为纯正啤酒的代名词。在精酿啤酒日益发达的今天，一般可接触到的种类接近20多种，我们也很难想象讨论啤酒时会漏掉它们，毕竟啤酒在一般人的认知中是由德国人发明的。

■ 十月啤酒节的由来

提到德国啤酒，那就得来说说十月啤酒节（Oktoberfest），或称慕尼黑啤酒节、十月节。每年九月下旬至十月初的德国啤酒节是慕尼黑地区每年的盛事，也是全世界啤酒迷一年一度的朝圣之路。一般的介绍资料都提及是为了纪念1810年路德维希王子与泰瑞莎公主结婚，但大家所没有想到的"商业考量"才是整个庆典得以延续的重点。1553年开始，巴伐利亚王国规定圣乔治日（4月23日）至圣麦克日（9月29日）中间不得酿酒，因此五月至九月慕尼黑人所喝的啤酒必定是在四月份以前就已酿造完成。就19世纪的保存技术而言，啤酒经过了2~3个月就已经很不新鲜了，到了九月眼看着新酒马上就可以开放酿造，酿酒厂们需要一个大型促销来消耗掉这些"临期酒"，十月啤酒节因此得以存续。而著名的HB酒厂的全名为"慕尼黑皇家啤酒"，也是路德维希王子自家的酒厂呢！

■ 慕尼黑六大酒厂

十月啤酒节会场仅有慕尼黑六大酒厂可以供应啤酒，这六大酒厂也代表了慕尼黑最有钱有权的各方势力，包含了皇室、贵族和教会。六大酒厂分别是：Hofbräu（简称HB）、Franziskaner（教士）、Löwenbräu（卢云堡）、Paulaner（保拉纳）、Hacker-Pschorr（哈克-普索尔）、Augustiner（奥古斯）。

皮尔森 Pilsner

皮尔森啤酒，称作Pils或Pilsner，可以说是现代工业啤酒之母。它的特色在于清澈金黄的酒体与萨兹酒花干爽微苦的香气，二者使得它在1842年推出后就造成了一股皮尔森旋风，现今的工业拉格便是以此为原型发展出来；而明亮澄清的色泽更带动了透明玻璃啤酒杯的流行。

全世界第一支皮尔森啤酒 —— Pilsner Urquell（博世纳）就诞生于捷克的皮尔森市，来自慕尼黑的酿酒师 Joseph Groll大胆结合当时新推出的浅色烘焙麦芽、低温发酵法和软水，并将其命名为Pilsner Urquell，意即"皮尔森之源"。

一开始，捷克法律规定只有产自皮尔森市的啤酒才能冠以皮尔森之名，如同法国的香槟、干邑和墨西哥的龙舌兰。此规定直到1899年才被慕尼黑法院判定无效，至此，全世界都开始出现了以Pils或Pilsner冠名的酒款。而在美式酒花的风潮之下，许多使用新式酒花的淡色拉格也带给了皮尔森不同的个性。

推荐酒款
Beer Recommendation

酒精感
甜度
香气
酸度
颜色
苦度

博世纳皮尔森
Pilsner Urquell

泡沫量非常大且消散相当快速，酒体呈深金色，香气为明显的麦香和一点酒花香气。入口可以喝得到纯净的麦芽、萨兹酒花的风味，接着苦韵放大但也在吞咽后快速消失，并留下麦芽的清香感。

★酒精浓度/%	0 —★— 4.4 —————— 10
★酒厂	Pilsner Urquell Brewery
★产地	捷克
★杯型建议	扎啤杯
	皮尔森杯
	威力比切杯
★适饮温度	4~8℃
★发酵方式	拉格酵母低温发酵

百得福啤酒
Budejovicky Budvar B: Original

　　泡沫量稍多且消散相对快速，酒体呈淡金色。香气为干净的麦香与非常柔和的酒花香气。入口可以喝到一点点带有焦糖与酒花气息的麦香。

- ★ 酒精浓度/%
- ★ 酒厂　　　　Budweiser Budvar Brewery
- ★ 产地　　　　捷克
- ★ 杯型建议　　扎啤杯
- 　　　　　　　皮尔森杯
- 　　　　　　　威力比切杯
- ★ 适饮温度　　4~8℃
- ★ 发酵方式　　拉格酵母低温发酵

汉斯工艺单一酒花窖藏皮尔森
Hanscraft Single Hop Kellerpils

　　泡沫消散相对缓慢，酒体呈稻草色，香气为花香型酒花感。入口可以喝到酒花感、一点麦香。苦韵在尾韵的部分较明显，但并不强劲，另外也可以感受到一点土壤香及酒香酵母的风味。

- ★ 酒精浓度/%
- ★ 酒厂　　　　Hanscraft & Co.
- ★ 产地　　　　德国
- ★ 杯型建议　　扎啤杯
- 　　　　　　　皮尔森杯
- 　　　　　　　威力比切杯
- ★ 适饮温度　　4~8℃
- ★ 发酵方式　　拉格酵母低温发酵

积发皮尔森
Jever Pilsener

泡沫量少且消散相对快速，酒体呈淡金色，香气为麦芽、微微的面包和淡淡的草本气息。入口首先可以喝到青草的风味，接着有谷物、麦芽和浅浅的焦糖风味，苦韵随着吞咽后渐渐延展开来。

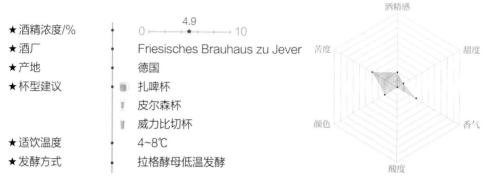

★ 酒精浓度/%　　　0 —— 4.9 —— 10

★ 酒厂　　　　　Friesisches Brauhaus zu Jever

★ 产地　　　　　德国

★ 杯型建议　　　扎啤杯

　　　　　　　　皮尔森杯

　　　　　　　　威力比切杯

★ 适饮温度　　　4~8℃

★ 发酵方式　　　拉格酵母低温发酵

雷达图：酒精感、甜度、香气、酸度、颜色、苦度

最佳餐酒搭配
Beer Pairing
★★★★★

说到皮尔森啤酒，根据品牌的不同有带明显酒花香的，也有麦芽风味清晰的版本，而其带气泡感的清爽与低酒精的特性，也有助于大口畅饮，借此洗刷味蕾。

说起皮尔森适合搭配的料理风味，不只有西式餐点，亚洲料理也都颇为合适，属于一款容易搭配的酒款。从亚洲料理来说，酱汁与啤酒中的麦芽风味结合，口腔中感受得到少许焦糖香气，例如中式、日式、东南亚式的炒面料理，特别是在印尼炒面中香辛料受麦芽的影响，不只面体麦香更浓郁，其辣度也随之平衡。牛油果也是相当好搭配的食材，在结合鲑鱼后制作出的日式牛油果加州卷，其风味、质地有着微妙的变化，也令人不觉得鱼肉的油腻，是一道朴实无华却印象深刻的搭配料理。

另外，西式餐点上，综合冷盘上常见的香肠、烟熏切片，也透过皮尔森的苦味带走腌渍食物中的过咸与油腻感，让人不禁一口接着一口。值得推荐的还有牛排沙拉，一般来说味道轻盈的沙拉容易被风格强烈的啤酒盖过，但拥有细致风味的皮尔森，在此却能突显沙拉爽口无负担的特色，同时增添酱汁所带来的滋味，牛排的鲜嫩也一并被气泡感所释放。整道菜以坚果的烘烤香气贯穿整体搭配，皮尔森与之碰撞后，先是浓厚的牛肉风味，再依次感受多汁、甜味与嫩度等层次变化，沙拉也均衡了整体的口腔气味。

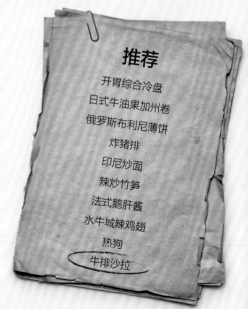

推荐

开胃综合冷盘

日式牛油果加州卷

俄罗斯布利尼薄饼

炸猪排

印尼炒面

辣炒竹笋

法式鹅肝酱

水牛城辣鸡翅

热狗

牛排沙拉

牛排沙拉
Steak Salad

★材料★

		油醋酱	
萝蔓生菜	1株	橄榄油	100毫升
火焰生菜	半颗	白葡萄酒醋	25毫升
小番茄	4颗	盐	2.5克
综合坚果	50克	砂糖	30克
板腱牛排	200克	黑胡椒粒	2.5克
奶油	适量	牛至叶	4克
盐	适量		
黑胡椒	适量		
干燥欧芹	少许		
橄榄油	适量		

★做法★

❶ 烤箱预热至200℃。

❷ 将油醋酱的所有材料搅拌均匀。

❸ 小番茄对半切，与综合坚果一起淋上些许橄榄油，进烤箱烤约5分钟。

❹ 牛排两面先撒盐、黑胡椒。

❺ 热油锅，放入牛排煎约5分钟，金黄上色后翻面，倾斜锅面，将奶油浇淋在牛排上。

❻ 双面煎好的牛排静置一下，用余热使温度传到中心，让整块牛肉温度达到一致。

❼ 萝蔓生菜、火焰生菜切一口大小后洗净，接着泡水冰镇、沥干。

❽ 倒入适量的油醋酱拌匀，周围撒上切半的小番茄。

❾ 牛排切片后铺在沙拉上，再撒上烤好的综合坚果、干燥欧芹即完成。

酵母小麦啤酒 Hefeweizen

Hefeweizen，也称作Weissbier、Weizenbier或Weisse，源自德国巴伐利亚地区。Hefeweizen中，hefe是酵母，weizen代表小麦，整个词的直译便是酵母小麦。德国1516年的《啤酒纯酿法》规定啤酒只能使用大麦、酒花和水来酿造，这使得小麦啤酒在德国一度绝迹。虽然在不久之后重新开放，但却得负担较高的税率。

1602年税差被取消，改为牌照制，但所有的牌照均掌握在当地皇室Wittelsbachs家族手中，变成了专卖事业。之后几百年小麦啤酒几经兴衰，直到1872年，Georg Schneider成功争取到第一张民营牌照之后，才得以见到小麦啤酒被民营酒厂广为酿造的景象。

酵母小麦啤酒用爱尔酵母高温发酵，酒精浓度在4.9%~5.5%vol，必须用50%以上的小麦麦芽。因为未经过滤，酵母和小麦中的蛋白质留在酒液之中，使酒体呈现浑浊白色的色泽并拥有细致的泡沫。风味上，酵母小麦啤酒带有明显的果香，其中，香蕉、丁香、泡泡糖、香草的风味构成了酵母小麦啤酒的主韵。

推荐酒款
Beer Recommendation

艾英格小麦啤酒
Ayinger Brauweisse

泡沫非常多且消散的速度相较一般啤酒快速，酒体呈淡金色，可以闻到淡淡的香蕉香气。入口可以喝到明显的香蕉味，带着微甜以及微苦。

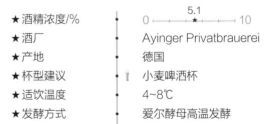

★ 酒精浓度/%　　　　0 ——— 5.1 ——— 10
★ 酒厂　　　　　　　Ayinger Privatbrauerei
★ 产地　　　　　　　德国
★ 杯型建议　　　　　小麦啤酒杯
★ 适饮温度　　　　　4~8℃
★ 发酵方式　　　　　爱尔酵母高温发酵

艾丁格典藏白啤酒
Erdinger Urweisse

泡沫量丰富且消散缓慢，酒体呈淡金色，香气为酵母味和丁香味。入口可以喝到一点谷物味、酵母和一点焦糖香蕉味。

- ★ 酒精浓度/%   4.9   0 —— 10
- ★ 酒厂   Erdinger Weissbrau
- ★ 产地   德国
- ★ 杯型建议   小麦啤酒杯
- ★ 适饮温度   4~8℃
- ★ 发酵方式   爱尔酵母高温发酵

慕尼黑皇家小麦白啤酒
HB Hefe Weizen

泡沫量庞大且消散快速，酒体呈淡金色，香气为酵母、丁香和一点面包味。入口可以尝到酵母、香蕉与丁香的风味。

- ★ 酒精浓度/%   5.1   0 —— 10
- ★ 酒厂   Staatliches Hofbräuhaus München
- ★ 产地   德国
- ★ 杯型建议   小麦啤酒杯
- ★ 适饮温度   4~8℃
- ★ 发酵方式   爱尔酵母高温发酵

图赫小麦啤酒
Tucher Helles Hefe Weizen

泡沫量极多且消散相对缓慢，酒体呈淡金色，香气为酵母香和丁香。入口可以喝到一点泡泡糖、丁香味以及一点麦香和辛香感。

- ★ 酒精浓度/%
- ★ 酒厂 · Tucher Brau
- ★ 产地 · 德国
- ★ 杯型建议 · 小麦啤酒杯
- ★ 适饮温度 · 4~8℃
- ★ 发酵方式 · 爱尔酵母高温发酵

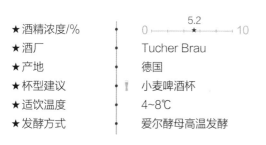

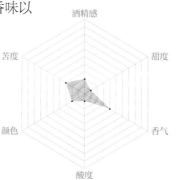

最佳餐酒搭配
Beer Pairing
★★★★★

酵母小麦啤酒属于相当清爽的啤酒类型，主要由丁香、香蕉和少许酵母香气环绕，搭配香蕉派一起享用后，啤酒中的气泡感可使香蕉派中的奶油口感更加细腻柔顺，也让香蕉风味由浓郁转为优雅、清新并带出另一种层次。

酵母小麦啤酒也十分适合与蛋黄相搭，酵母小麦清新、清爽的特质及气泡感，使得奶油细致柔滑、风味清透优雅。整体来说，酵母小麦啤酒属温和的酒款。在餐酒搭配上值得一提的是，若与来自美国新奥尔良的特殊辛香料和贝类一起拌炒，香辣滋味不会强压蛤蜊原有的鲜甜，啤酒中的丁香再稍加提点，便能共谱出一道绝佳风味。

而在餐酒搭配上时常扮演去油解腻重要角色的气泡感，在此也适合与油炸食物搭配，不仅能重整味蕾，也透过酵母小麦啤酒中丁香的元素去提升整道料理的滋味，例如米兰炸肉排、西班牙可乐饼。当酵母小麦啤酒遇上西班牙可乐饼，其酥脆的口感与酵母小麦啤酒中的清爽，以及气泡感再让舌尖更敏锐地品尝到柔滑绵密的可乐饼内馅，使整体风味更为细致。

推荐

香蕉派

米兰炸肉排

美国新奥尔良香辣炒蛤蜊

酥脆烤鸡

印度咖喱鸡

糖醋鸡肉

班尼迪克蛋

西班牙可乐饼

凤梨酥

西班牙可乐饼
Spanish Croquettes

牛奶	150克
奶油	10克
低筋面粉	20克
盐	适量
肉豆蔻	适量
帕玛火腿	10克
西班牙香肠	10克
鸡蛋	1颗
面包糠	50克

★做法★

① 西班牙香肠、帕玛火腿切小丁。

② 牛奶倒入锅中，依序加入盐、奶油、肉豆蔻、西班牙香肠和帕玛火腿，开火煮滚。

③ 煮沸后转小火，分次加入低筋面粉搅拌均匀，倒入容器后放入冰箱冷藏待完全冷却。

④ 将放凉的可乐饼面糊捏成小圆球，此分量约可以做成8颗。

⑤ 可乐饼裹上蛋液及面包糠，以油温180℃炸2分钟，取出静置2分钟再入油锅炸2分钟，取出沥油即完成。

★小贴士★ 肉豆蔻味道明显，不喜欢此味道的也大有人在，调味时，只要一小撮或是不用也没关系。步骤3放入冰箱冷却会更容易塑形。

原浆拉格 Kellerbier

原浆拉格源自于巴伐利亚北边的法兰克尼亚（Franconia）地区，特指一种未过滤、未杀菌的低温发酵啤酒，使用了大量香型酒花。通常直接从酒窖、酒糟或酒桶取酒。由于名称所指是一种侍酒方式，而不是特定风味类型，所以风味特征的跨度颇广，但大多以古铜色的琥珀拉格（Amber Lager）为主。

原浆拉格保留了发酵过程中的活性酵母，因此呈现些微浑浊，酒体泡沫丰富，香气浓郁，口味新鲜，是啤酒中名副其实的"超级液体面包"。最大限度地保留了活性物质和营养成分，保持了啤酒最原始、最新鲜的口感，麦香浓郁且泡沫丰富。

推荐酒款
Beer Recommendation

格莱芬施泰恩原味窖藏啤酒
Grevensteiner Original Naturtrubes Landbier

泡沫量少且消散得非常快速，酒体呈深金色，香气带有微微辛香感和酒花香的麦香。入口可以喝到带有酒精感的麦香，酒精感适中，并会有一点辛香感。

★ 酒精浓度/%	0 —★— 10 (5.2)
★ 酒厂	Brauerei Veltins
★ 产地	德国
★ 杯型建议	传统德式生啤杯
	皮尔森杯
	威力比切杯
★ 适饮温度	4~8℃
★ 发酵方式	拉格酵母低温发酵

甘道夫凯勒啤酒
Zirndorfer Kellerbier

泡沫量偏多且消散得相对缓慢，酒体呈淡琥珀色，香气为带点焦糖感的干净麦香。入口可以喝得到酵母味及带有焦糖味的麦香风味。

★ 酒精浓度/%

★ 酒厂   Zirndorfer

★ 产地   德国

★ 杯型建议   传统德式生啤杯
                 皮尔森杯
                 威力比切杯

★ 适饮温度   4~8℃

★ 发酵方式   拉格酵母低温发酵

图赫凯勒啤酒
Tucher Kellerbier

泡沫量多且消散缓慢，酒体呈深金色，香气为生谷物香、麦香以及一点焦糖感。入口可以喝到麦香以及带点酵母味的谷物风味。

★ 酒精浓度/%

★ 酒厂   Tucher Brau

★ 产地   德国

★ 杯型建议   传统德式生啤杯
                 皮尔森杯
                 威力比切杯

★ 适饮温度   4~8℃

★ 发酵方式   拉格酵母低温发酵

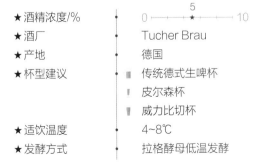

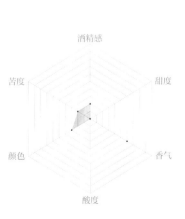

卡力特原浆窖藏啤酒
Köstritzer Kellerbier

泡沫量偏多且消散相对快速，酒体呈淡琥珀色，香气有面包香、麦芽与生谷物的香气。入口也可感受到面包香、酵母味与麦芽香气。

★ 酒精浓度/%	0　5.4　10
★ 酒厂	Köstritzer Schwarzbierbrauerei
★ 产地	德国
★ 杯型建议	传统德式生啤杯
	皮尔森杯
	威力比切杯
★ 适饮温度	4~8℃
★ 发酵方式	爱尔酵母低温发酵

最佳餐酒搭配
Beer Pairing
★★★★★

原浆拉格类似于未过滤的皮尔森、慕尼黑淡拉格和梅尔森，有着些微浑浊的酒体、泡沫丰富，香气浓郁、风味浓厚。鉴于此，很适合用在比慕尼黑拉格的餐酒搭配上更重口味的餐食上。原浆拉格也适合与蛋料理搭配，像水波蛋、鸭仔蛋等，鸭仔蛋中未孵化的小鸡有着甘甜的鸡汁，及全熟煎蛋般的浓醇蛋香。

海鲜料理适合搭配皮尔森、慕尼黑淡拉格，当遇上原浆拉格则更适合以风味更强烈的盐酥章鱼脚相搭，简单的调味也带出章鱼脚的鲜甜，并洗刷炸物的油腻感，使人欲罢不能。

另外，以奶酪三明治作为搭配的话，看似朴实的餐点却能在奶酪的牵动下，更迭风味，若再佐以番茄汤一起食用，番茄的酸与额外添加的鲜味，则可使料理在搭配原浆拉格后，让风味瞬间达到极致。

再推荐一道德国猪脚，最经典的佐餐酒莫过于德国啤酒了，借原浆拉格均衡口中的胶质感，同时也提升酸菜为料理带来的清新、爽口滋味。

推荐

帕尼尼
巴伐利亚白香肠
猪肉水饺
鸭仔蛋
德国猪脚
奶酪三明治配番茄汤
腊肠炖鹰嘴豆
金沙豆腐
盐酥章鱼脚

德国猪脚
German Roasted Pork Knuckle

★材料★

胡萝卜	1根
洋葱	1颗
猪脚	3只
盐	30克
带皮蒜头	200克
米酒	300毫升
月桂叶	10片
八角	3粒
白胡椒粒	50克
肉桂	1根
丁香	10克

德国酸菜

洋葱	半颗
德国酸菜	600克
橄榄油	50毫升
月桂叶	3片
白葡萄酒醋	10毫升
糖	适量

 ★做法★

德国猪脚

❶ 洋葱和红萝卜去皮切成块状。

❷ 烧一锅水，水沸后将所有材料连同猪脚放其中，水沸后转小火煮90分钟。

❸ 时间到后，猪脚取出静置，用竹扦确认猪脚是否软嫩，若还未软嫩可再煮10~15分钟。

❹ 烤箱预热至200℃，猪脚放在烤盘入烤箱烤15分钟。

❺ 热油锅，油温升高至微微起烟后放入猪脚。将猪脚每一面煎至酥脆，取出分切装盘，放上酸菜、番茄酱搭配即完成。

德国酸菜

❶ 洋葱切成丝后备用。

❷ 酸菜放入滤网，以食用水冲洗，减少酸味。

❸ 热油锅，下洋葱炒香，炒至软化后放入酸菜、白葡萄酒醋、月桂叶、糖，一边拌炒煮至收汁。

❹ 酸菜搭配德国猪脚、芥末籽盛盘即完成。

 ★小贴士★　　将水煮后的猪脚烘烤，主要是将猪脚加热，并让猪脚表面水分蒸发。

维也纳啤酒 Vienna

维也纳啤酒（Vienna）是琥珀拉格的一种。在1833年，有两位年轻的酿酒师来到了英国特伦特河畔伯顿（Burton upon Trent），观摩当时最先进的酿酒技法，他们分别是维也纳人Anton Dreher和慕尼黑人Gabriel Sedlmayr，学习当时英国领先全球的浅色麦芽烘焙技术。在回到各自故乡后，创造出来了维也纳麦芽和慕尼黑麦芽两种种类，以及"Vienna"（维也纳啤酒）和"Marzen"（梅尔森啤酒）两种啤酒类型。

维也纳啤酒上市时间刚好比皮尔森上市早了整整一年，成为当时颜色最淡的拉格啤酒，这让维也纳啤酒获得了巨大的成功且风靡全欧洲，至今还可见到欧洲各国的传统酒厂酿制维也纳拉格，如意大利的Menabrea、西班牙的Estrella、瑞典的Eriksberg等，这也让Anton Dreher的酒厂成为当时中欧最大的啤酒厂。

希尔特1270经典啤酒
Sirter 1270

泡沫量少但扎实且消散缓慢，酒体呈淡琥珀色，香气为麦香以及焦糖香。可以喝到干净清楚的焦糖感麦香，另外也可以喝到一点点花香。入口可以感受到瞬间的苦味，但苦韵出现后马上收掉，不会一直蔓延。

推荐酒款
Beer Recommendation

- ★ 酒精浓度/%　　　0 ——— 4.9 ——— 10
- ★ 酒厂　　　　　　Privatbrauerei Hirt
- ★ 产地　　　　　　奥地利
- ★ 杯型建议　　　　直口杯
　　　　　　　　　　皮尔森杯
- ★ 适饮温度　　　　4~8℃
- ★ 发酵方式　　　　拉格酵母低温发酵

雷达图标签：酒精感、甜度、香气、酸度、颜色、苦度

北德沼津拉格
Baird Numazu Lager

　　带有清淡花朵香气以及淡色爱尔的口感，入口气泡稍强，在舌尖略显刺激感，实质上其口感温润，品尝到中段时，酒花散发的花香中带些松木味及果皮微苦感，后段回韵的麦芽味完美收尾，干净清爽。

★酒精浓度/%

★酒厂　　　　Baird Brewing Company

★产地　　　　日本

★杯型建议　　直口杯
　　　　　　　皮尔森杯

★适饮温度　　4~8℃

★发酵方式　　拉格酵母低温发酵

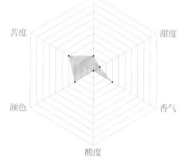

梅纳布乐琥珀啤酒
Menabrea Ambrata

　　泡沫偏多且消散缓慢，酒体呈较深一些的琥珀色，香气为麦香、细微的糖蜜气味以及一点谷物香。入口可以喝到带有面包香的麦香。

★酒精浓度/%

★酒厂　　　　Menabrea S.P.A

★产地　　　　意大利

★杯型建议　　直口杯
　　　　　　　皮尔森杯

★适饮温度　　4~8℃

★发酵方式　　拉格酵母低温发酵

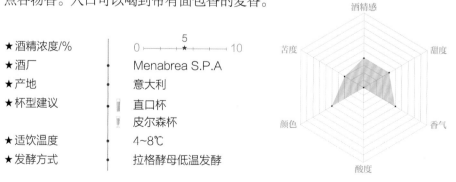

阿彭策尔橡木桶啤酒
Appenzeller Holzfass-Bier

　　泡沫量少且消散相对缓慢，酒体呈柔和的琥珀色，香气为浓郁的麦芽、少许葡萄干和坚果与谷物香气。入口可以喝到麦芽、坚果、谷物、葡萄干味道，后味有淡淡的焦糖感。

★ 酒精浓度/%
★ 酒厂　　　　Brauerei Locher
★ 产地　　　　瑞士
★ 杯型建议　　直口杯
　　　　　　　皮尔森杯
★ 适饮温度　　4~8℃
★ 发酵方式　　拉格酵母低温发酵

最佳餐酒搭配
Beer Pairing
★★★★★

　　喝过却不相识，大众对维也纳啤酒的普遍印象仅有酒体的琥珀色泽。这款啤酒有着温和的苦韵、适中的酒精浓度，整体来说能品尝到面包、吐司和饼干调性，在搭餐的选择上可选择带焦糖感、烧烤与甜味的餐点。

　　串烤的鸡肉与猪肉在维也纳啤酒的搭配下，能明显带出肉质本身的鲜甜，若佐酱带着些许甜味，则能在咀嚼的过程中给整道料理加分，延伸啤酒的风味特性。以日式炸猪排三明治和古巴三明治来搭配，维也纳啤酒可以顿时加强炸猪排的滋味，更得以令古巴三明治里的腌渍猪排释放出优雅的香橙果香。

　　墨西哥料理中的辛辣香气与啤酒中的麦芽极搭，如墨西哥猪肉玉米卷以及搭配的各种酱料。猪肉玉米卷的酱汁与馅料，与各种酱料的组合，借由维也纳啤酒的铺陈，缓和料理中的辛辣，整合味蕾以达到最佳用餐体验。

　　葱盐鸡肉串烹调中的美拉德反应产生的焦糖化，与麦芽味重的维也纳啤酒相当对味。因维也纳啤酒也能有效阻挡鸡肉可能出现的浓烈野味。

推荐

古巴三明治
日式炸猪排三明治
黄金猪肉大阪烧
日式葱盐鸡肉串
墨西哥猪肉玉米卷
炸猪皮
墨西哥混酱
胡椒饼

日式葱盐鸡肉串
Green Onion Yakitori

★材料★

带皮去骨鸡腿排	1块
胡椒盐或盐	适量
竹扦	3支

葱盐酱

青葱末	100克
黑胡椒	5克
洋葱碎	80克
盐	5克
糖	5克
初榨橄榄油	100克
姜泥	12克
蒜泥	10克

★做法★

1. 将葱盐酱的材料搅拌混合均匀。
2. 带皮去骨鸡腿肉切成9块。
3. 竹扦一串串3块鸡腿肉，正反面撒胡椒盐调味。
4. 烤箱预热200℃，先烤鸡肉面8~10分钟，再翻面烤带皮面8~10分钟。
5. 葱盐酱铺在烤熟的鸡腿肉串上即完成。

★小贴士★

依照各家庭烤箱不同而时间长短会有不同，可用竹扦刺刺看是否熟透。

黑拉格 Dunkel

黑拉格发源自德国巴伐利亚地区，在德文中是"深色"的意思。其悠久的历史，就如同慕尼黑拉格（Hells）一般，小至慕尼黑大到整个巴伐利亚皆为人所爱。在1840年以前，淡色麦芽的烘烤技术尚未发达，直到19世纪中叶，拉格啤酒多以深色的方式呈现。1516年巴伐利亚《啤酒纯酿法》颁布之后，黑拉格是第一种获得承认的啤酒类型。

黑拉格也称为Munchner Dunkel，酿造过程以慕尼黑麦芽为主，造就啤酒呈现深色、浓郁醇厚的酒体，色泽则从琥珀色到深红棕色皆有。黑拉格拥有巧克力、烤麦芽、饼干、面包皮和焦糖等风味，酒精浓度在4%~6%vol，柔顺的麦芽风味，也较双倍博克（Doppelbock）淡上许多，也不会有过甜的风味产生。也因为黑拉格只使用微量的酒花，因此苦味不明显，其独特的麦芽在与贵族酒花精致的苦韵之间，找到了一种温和的平衡。

艾英格窖藏黑啤酒
Ayinger Altbairisch Dunkel

泡沫偏多但相对于一般啤酒消散较快，酒体呈较深一些的浅琥珀色，麦子香气浓厚，也能闻到糖蜜的香气。入口除了喝到麦芽味之外也可以感受到微酸。

推荐酒款
Beer Recommendation

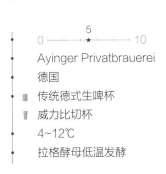

★ 酒精浓度/%   0 —— 5 —— 10
★ 酒厂   Ayinger Privatbrauerei
★ 产地   德国
★ 杯型建议   ■ 传统德式生啤杯
                  ■ 威力比切杯
★ 适饮温度   4~12℃
★ 发酵方式   拉格酵母低温发酵

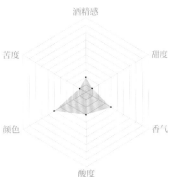

维森千年黑啤酒
Weihenstephaner Tradition Bayrisch Dunkel

　　黑拉格的酿造用了慕尼黑大麦，赫斯布鲁克（Hersbuck）及泰特南（Tettnang）酒花，红棕色的酒液；香浓的麦芽香气；刚出炉的面包风味；淡淡的果香搭上微微的可可、咖啡等香气。口感顺口不苦，尾端带有太妃糖等甜感。

★ 酒精浓度/%　　　　　0 ——— 5.2 ——— 10
★ 酒厂　　　　　　　　Bayerische Staatsbrauerei
　　　　　　　　　　　Weihenstephan
★ 产地　　　　　　　　德国
★ 杯型建议　　　　　　传统德式生啤杯
　　　　　　　　　　　威力比切杯
★ 适饮温度　　　　　　4~12℃
★ 发酵方式　　　　　　拉格酵母低温发酵

康巴黑麦精酿啤酒
Camba Dark Side

　　泡沫量少且消散相对快速，酒体呈黑色，香气为少许烤麦芽带酒花、坚果的香气。入口可以在尾韵感受到坚果、一点酒花、烤麦芽的滋味。

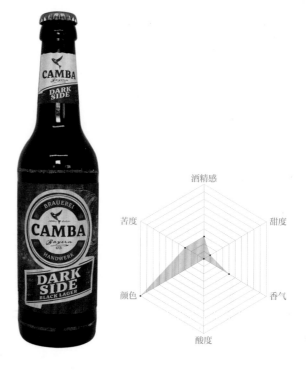

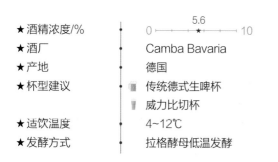

★ 酒精浓度/%　　　　　0 ——— 5.6 ——— 10
★ 酒厂　　　　　　　　Camba Bavaria
★ 产地　　　　　　　　德国
★ 杯型建议　　　　　　传统德式生啤杯
　　　　　　　　　　　威力比切杯
★ 适饮温度　　　　　　4~12℃
★ 发酵方式　　　　　　拉格酵母低温发酵

图赫大麦黑啤酒
Tucher Dunkel

泡沫量多并且消散得相对缓慢，酒体呈深琥珀色，香气为带点饼干的麦香以及一点生谷物的香气。入口可以喝到麦香以及一点饼干焦糖香。

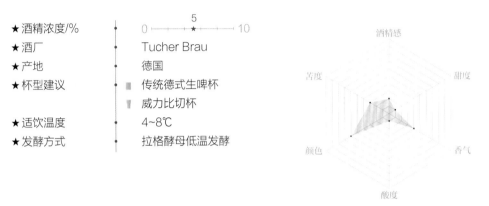

- ★ 酒精浓度/%
- ★ 酒厂　　　　　Tucher Brau
- ★ 产地　　　　　德国
- ★ 杯型建议　　　传统德式生啤杯
- 　　　　　　　　威力比切杯
- ★ 适饮温度　　　4~8℃
- ★ 发酵方式　　　拉格酵母低温发酵

最佳餐酒搭配
Beer Pairing
★★★★★

黑拉格是以麦芽风味为主的啤酒类型，使用微量的酒花，有着淡淡的苦味，具有饼干、咖啡、太妃糖、坚果等香气。在餐酒搭配时，不妨尝试将黑拉格搭配烧烤或经过焦糖化的料理。它的焦糖、巧克力和坚果等风味能拓宽餐酒搭配的范围。

黑拉格中的酒精感与苦韵能平衡过多的酸与甜腻感，尤以炙烧、烘烤和快炒等方式呈现的料理特别显著。举例来说，泰式烤鸡所展现的酸甜微辣的风味，黑拉格能使这道料理从酱汁至整体风味皆有所提升。另外，芝麻凉面的酱汁带出的坚果风味与黑拉格中的坚果香不谋而合，芝麻在此也有推波助澜的效果。

奶酪、奶油和牛奶等奶制品料理与黑拉格搭配时会使得奶香风味绵延。而烟熏鲑鱼焗酱与烤麦芽两相结合，风味均衡得宜、令人垂涎。洋葱、鲑鱼与奶香在与黑拉格的搭配下展现甜润，此外黑拉格也能让批塔面包厚重的小麦风味在佐酱后转为柔和，整体滋味香浓不腻。

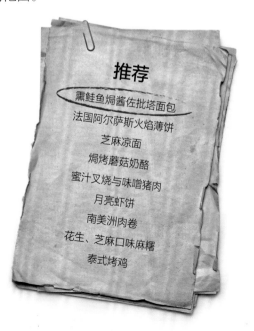

推荐

熏鲑鱼焗酱佐批塔面包
法国阿尔萨斯火焰薄饼
芝麻凉面
焗烤蘑菇奶酪
蜜汁叉烧与味噌猪肉
月亮虾饼
南美洲肉卷
花生、芝麻口味麻糬
泰式烤鸡

熏鲑鱼焗酱佐批塔面包
Smoked Salmon Dip with Pita

★材料★

无盐奶油	10克
洋葱丁	10克
蒜碎	10克
墨西哥辣椒	3~4片
动物鲜奶油	100毫升
比萨奶酪丝	10克
九层塔	3~4片
烟熏鲑鱼	1大片

★做法★

❶ 锅中加入无盐奶油，再加入蒜碎、洋葱丁及墨西哥辣椒爆香。

❷ 香气出来后，加入烟熏鲑鱼片，稍微拌炒散开。

❸ 续下动物鲜奶油，煮沸后加入比萨奶酪丝以及九层塔，搅拌至奶酪丝完全融化，倒入容器中。

❹ 接着撒上少许奶酪，以喷火枪炙烧一下即完成。

❺ 墨西哥饼皮烤过后开切成八片，搭配熏鲑鱼焗酱品尝。

深黑拉格 Schwarzbier

Schwarzbier 最常见的中文翻译为"深黑拉格",意指比一般黑拉格颜色更重的黑色拉格。味道上由于整体麦芽的烘焙风味较重,以可可和咖啡表现出的香气为主,至于常在黑拉格中出现的焦糖感则不常出现。但因为黑拉格与深黑拉格两者为相对的类型,有时可以喝到A酒厂的黑拉格味道比B酒厂的深黑拉格来得重。

从日耳曼地区的啤酒酿造史来看,深黑拉格可以追溯到公元前,考古证据指出当时的人们会以黑面包酿制深色的啤酒,这种啤酒可以视为今天黑拉格与深黑拉格共同的祖先。诞生地位于巴伐利亚邦北边的法兰柯尼亚邦和图林根邦,最负盛名的品牌就数卡力特(Köstritzer)了。其前身为修道酒厂的卡力特从1543年创立之初就开始酿造深色啤酒,但当时未受巴伐利亚《啤酒纯酿法》的限制,所酿制出的啤酒为上层发酵的黑色爱尔。真正的深黑拉格要到1878年才在酒厂中被酿造出来,成为我们今天所知的味道。

卡力特深黑拉格
Köstritzer Schwarzbier

泡沫量超多且消散相对快速,酒体为宝石棕色,香气为麦香、烤过的麦香、一丁点生谷香。入口可以喝到麦味、生谷物味、烘烤过的麦芽味。

推荐酒款
Beer Recommendation

★酒精浓度/%　　　0 ——— 4.8 ——— 10
★酒厂　　　　　　Köstritzer Schwarzbierbrauerei
★产地　　　　　　德国
★杯型建议　　　　啤酒靴杯
　　　　　　　　　传统德式生啤杯
　　　　　　　　　威力比切杯
★适饮温度　　　　7~10℃
★发酵方式　　　　拉格酵母低温发酵

麦斯瑞精酿艾柏林格深黑拉格
Maxlrainer Aiblinger Schwarzbier

泡沫量非常多且消散相对快速，酒体呈深琥珀色，带着烤吐司、麦芽的香气，以及一点酒花和青草的香气。入口可以尝到烤麦芽味，尾韵有焦糖、酒花和青草的风味。

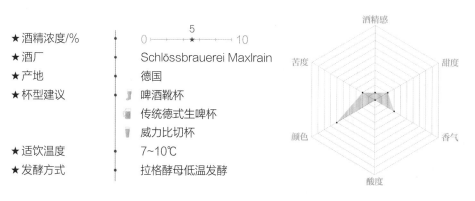

★ 酒精浓度/%

0 —★— 5 —— 10

★ 酒厂　　　　　Schlössbrauerei Maxlrain
★ 产地　　　　　德国
★ 杯型建议　　　🍺 啤酒靴杯
　　　　　　　　🍺 传统德式生啤杯
　　　　　　　　🍺 威力比切杯
★ 适饮温度　　　7~10℃
★ 发酵方式　　　拉格酵母低温发酵

柏克金德式黑啤酒
Buckskin Schwarzbier

泡沫量非常庞大且消散相对缓慢，酒体呈红宝石棕色，香气为麦芽、烤谷物和一点咖啡香。入口可以喝到类似于香气的风味，一点麦芽、烤谷物和咖啡、酒花的青草风味，以及微微的金属感。

★ 酒精浓度/%

0 —★— 5.1 —— 10

★ 酒厂　　　　　King Car
★ 产地　　　　　中国台湾
★ 杯型建议　　　🍺 啤酒靴杯
　　　　　　　　🍺 传统德式生啤杯
　　　　　　　　🍺 威力比切杯
★ 适饮温度　　　7~10℃
★ 发酵方式　　　拉格酵母低温发酵

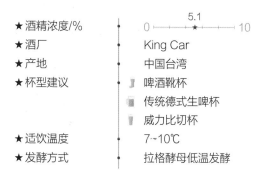

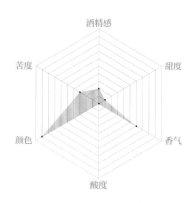

奥丁格深黑拉格
Oettinger Schwarzbier

泡沫量少且消散相对快速，酒体呈红宝石棕色，香气为麦芽，并能感受到麦芽储存于谷仓的气息以及一点烘烤的香气。入口可以喝到类似香气的风味，尾韵可感受到麦芽、烘烤的风味，以及花香。

- ★ 酒精浓度/%　　0 —— 4.9 —— 10
- ★ 酒厂　　　　　Oettinger Brauerei
- ★ 产地　　　　　德国
- ★ 杯型建议　　　啤酒靴杯
　　　　　　　　　传统德式生啤杯
　　　　　　　　　威力比切杯
- ★ 适饮温度　　　7~10℃
- ★ 发酵方式　　　拉格酵母低温发酵

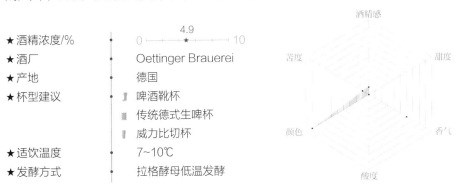

最佳餐酒搭配
Beer Pairing
★★★★★

深黑拉格带有浓郁的烘烤麦芽风味，是少许富含巧克力调性与苦韵的酒款，适宜结合烧烤、烟熏等带有炭火风味的料理。

深黑拉格啤酒中带烘烤气息的部分非常适合与南美洲的肉肠搭配，两者很自然地连接到烟熏与焦香感。举例来说，哥伦比亚香肠多以烧烤来烹煮，在火烤的过程中，焦香四溢带入更多的烧烤风味，其伴随着木炭香气在与深黑拉格的结合之下十分完美。

除了餐食之外，深黑拉格也能和甜点巧搭。有着醇厚乳香的英式面包布丁，与富含深黑巧克力香气和些微苦韵的深黑拉格相搭，苦韵碰撞上甜腻，就像巧克力遇上牛奶的完美结合。

推荐

南美洲式肉肠
锅贴
五香排骨
美国西南风味烤鸡
英式面包布丁
味噌料理
红豆炒饭佐烟熏肋排
双倍焦香汉堡和三明治

英式面包布丁
Bread & Butter Pudding

★材料★

厚片吐司	6片
蛋	2颗
砂糖	20克
葡萄干	适量
牛奶	300毫升
奶油	适量
香草精	5克

★做法★

① 厚片吐司切边，交叉对切成成4片三角形备用。

② 奶油置于常温均匀涂抹在厚片吐司上。

③ 钢盆中倒入牛奶、香草精、砂糖、蛋，搅拌均匀完成布丁液。

④ 取一烤盘，烤盘内侧均匀涂上奶油。

⑤ 厚片吐司放入烤盘中，均匀地撒上葡萄干。

⑥ 倒入布丁液，将吐司稍微压入。

⑦ 预热烤箱至180℃，送入烤箱后烘烤25~30分钟即完成。

★小贴士★

烤盘涂奶油可防止烘烤时面包粘在烤盘底部或周围。

观察面包布丁是否烘烤完成，可看布丁液是否已成形凝固，并且外露的吐司呈酥脆状。

科隆啤酒 Kolsch

许多人可能不知道，为了维护啤酒的品质，科隆市（Cologne）议会曾在1603年禁止低温发酵。这解释了为何在科隆市与杜塞尔多夫（Düsseldorfer）两个邻近地区，在皮尔森啤酒的浪潮下，仍坚持以高温发酵的爱尔酵母酿制轻盈的啤酒类型。在德国，拉格与爱尔的差异不再是酵母的品种，反而特指发酵的"温度"。尤其在德文中，Lager意指熟成窖藏。

科隆啤酒是一款清爽易饮的风格，源自于德国科隆市，属于德国地方啤酒之一。最早在1906年开始酿造科隆啤酒，在1918年被正式承认，1986年开始受到严格法律保护规范。之后，只有产自科隆市的才能冠以科隆啤酒之名贩售。除此之外其他酒厂只能以"German Pale Ale"或"Kolsch Style Beer"冠名其酒款。

科隆啤酒使用皮尔森麦芽让酒体清澈透明，酒精浓度在5%vol上下，外观与一般皮尔森啤酒无差异。在酿造时使用爱尔酵母进行低温发酵，爱尔酵母低温发酵带给科隆啤酒淡雅的水果香气，创造出了科隆啤酒独特细腻的口感。饮用时，由于其酒体轻盈，泡沫容易消失，多使用德式袖珍杯，倒出之后一饮而尽。

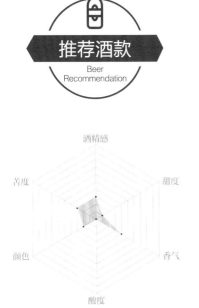

推荐酒款
Beer Recommendation

德国科隆原味啤酒
Früh Kölsch

泡沫量少且消散非常快速，酒体呈淡金色，香气为干净清爽的果味麦香。入口可以喝到带着酵母香气的麦味，后味则是香辛料味。在吞咽时明显感受到快速出现的苦韵。

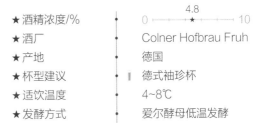

★ 酒精浓度/%　　　　0 —★— 10　4.8

★ 酒厂　　　　　　　Colner Hofbrau Fruh

★ 产地　　　　　　　德国

★ 杯型建议　　　　　德式袖珍杯

★ 适饮温度　　　　　4~8℃

★ 发酵方式　　　　　爱尔酵母低温发酵

加州科隆德式淡爱尔
Ballast Point California Kolsch

泡沫量非常多且消散相对快速，酒体呈深琥珀色，香气为烤吐司、麦芽的香气，以及一点酒花和青草的香气。入口可以尝到烤麦芽，尾韵有焦糖、酒花和青草的风味。

★ 酒精浓度/%
★ 酒厂　　　　　Ballast Point Brewing Company
★ 产地　　　　　美国
★ 杯型建议　　　德式袖珍杯
★ 适饮温度　　　4~8℃
★ 发酵方式　　　爱尔酵母低温发酵

京都麦酒科隆爱尔啤酒
Kyoto Bakushu Kolsch

泡沫量非常多，消散相对快速，酒体呈淡金色，首先可以闻到强烈的麦芽与一点酒花香气。入口可以喝到麦芽、酒花香气以及少许藏匿于酒精感后的水果香，尾韵的部分些微的草本气息、酵母味渐渐释出，并带一点香辛料的风味。

★ 酒精浓度/%
★ 酒厂　　　　　Kizakura Co.
★ 产地　　　　　日本
★ 杯型建议　　　德式袖珍杯
★ 适饮温度　　　4~8℃
★ 发酵方式　　　爱尔酵母低温发酵

▮ 秋田科隆啤酒
Tazawako Kolsch

　　泡沫量少且消散相对缓慢，酒体呈淡金色，香气为淡淡的芒果香以及草本的气息。入口首先可以喝到少许的麦芽、酵母气息，青草香渐渐显现，尾韵则有麦芽、焦糖的风味。整体而言，水果香气相对淡薄，无法具体形容其水果风味。

★ 酒精浓度/%
★ 酒厂　　　　　　Warabi-za Co.
★ 产地　　　　　　日本
★ 杯型建议　　　　德式袖珍杯
★ 适饮温度　　　　4~8℃
★ 发酵方式　　　　爱尔酵母低温发酵

最佳餐酒搭配
Beer Pairing

　　科隆啤酒中的果香在餐酒搭配上十分微妙，其口感清新，同时带有一丝贵族酒花的香气。酒精浓度中等，整体口感甘醇清透、清爽易饮。若搭配合宜的食物不仅能透出科隆啤酒淡雅的果香，也能将藏匿的风味细节释出。

　　带有草本香气的餐点也能与科隆啤酒中的贵族酒花共谱出和谐的餐酒搭配，像是香草烧烤猪排、蟹肉玉子烧，或是含有鸡蛋、猪排并以香草点缀的米饭。科隆啤酒的清新风味可以瞬间洗刷味蕾，并提升料理的滋味，如烤虾串、贝类等海鲜料理也同样可行。而科隆啤酒中的麦芽风味也适合与面包、乳酪相配，像是经典的瑞士三明治，再佐以艾曼塔奶酪后，使得整个三明治的滋味更为清新。

　　本次推荐以巴斯克蟹盒搭配科隆啤酒。啤酒中的麦芽撑起巴斯克蟹盒上面包糠的酥香，同时放大了蟹肉的鲜甜滋味，啤酒中少许的胡椒气息，也让整道料理丰泽饱满却一点不浓腻。

推荐

烤虾

瑞士火鸡三明治

德国香肠

烧烤猪排

玉子烧

西班牙蒜味虾

牛肝菌炖饭

巴斯克蟹盒

南美洲鸡肉饭

巴斯克蟹盒
Baked Basque Crab

★材料★

蟹壳	3个	整粒番茄罐头	30克
蟹管肉	15克	黑胡椒	适量
比萨专用奶酪丝	5克	白葡萄酒	10毫升
面包糠	10克	干燥香芹碎	适量
芥花油	适量	紫洋葱丝	5克
盐	适量	红胡椒原粒	2克
洋葱丝	5克	巴萨米克醋	适量
蒜末	3克		

★做法★

❶ 取单把锅加入芥花油炒香蒜头、洋葱丝、蟹管肉，下白葡萄酒待酒精挥发，加入整粒番茄罐头、盐、黑胡椒调味成蟹肉酱。

❷ 烤盘上放蟹壳，蟹壳内塞入满满蟹肉酱，依序撒上奶酪丝和面包糠，预热220℃烤箱烤10分钟上色。

❸ 紫洋葱丝去皮切丝放在平盘上，放上烤好的巴斯克蟹盒，淋上巴萨米可醋、香芹碎末，及现磨红胡椒粗粒即完成。

老啤酒 Altbier

老啤酒是一种介于拉格和爱尔之间的啤酒，Alt在德文中即是Old，因此由德文直接翻译为"老啤酒"，是德国杜塞尔多夫地区的当地啤酒，也可称为"Alt"（阿尔特）或"Düsseldorfer Alt"。老啤酒的"老"字也有古法之意，原本老啤酒并无明确的特性，19世纪新式拉格出现后，因其坚持古法酿造而得有老啤酒的称号。今日所指的老啤酒是由Schumacher Brewery在1838年利用爱尔酵母低温发酵所得的酒款。

老啤酒酒体呈琥珀、古铜色，使用爱尔酵母低温发酵和窖藏低温熟成，赋予老啤酒更细致的口感，酒精浓度约5%。微微的焦糖麦香、泥土味搭配上明显却不苦的酒花香，尾韵干爽。Sticke是酒精浓度和口感都提升的版本，再往上还有更浓郁的Doppel Sticke，后两种酒款几乎只能在杜塞尔多夫当地才能喝到。

推荐酒款
Beer Recommendation

酒精感
苦度　　　　甜度
颜色　　　　香气
酸度

▌京都麦酒阿尔特啤酒
Kyoto Bakushu Alt

泡沫量非常多且消散缓慢，酒体呈柔和的琥珀色，香气为焦糖麦芽和一点深色系水果香。入口可以喝到一点深色系水果、焦糖和太妃糖味。

★ 酒精浓度/%　　　　0 —— 5 —— 10
★ 酒厂　　　　　　　Kizakura Co.
★ 产地　　　　　　　日本
★ 杯型建议　　　　　德式袖珍杯
★ 适饮温度　　　　　7~10℃
★ 发酵方式　　　　　爱尔酵母低温发酵

岩手县巴瑞思杜赛道夫德式经典老啤酒
Baeren Alt

　　泡沫量少且几乎立刻消散，酒体呈较深一些的琥珀色，香气为带点酒花感的麦香。入口可以喝到麦香和酒花香。

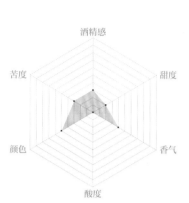

- ★ 酒精浓度/%　　　0 ├──┼─ 5.5 ──┤ 10
- ★ 酒厂　　　　　　Baeren Brauerei
- ★ 产地　　　　　　日本
- ★ 杯型建议　　　　德式袖珍杯
- ★ 适饮温度　　　　7~10℃
- ★ 发酵方式　　　　爱尔酵母低温发酵

施特龙贝尔格节庆老啤酒
Stromberger Urbräu Alé Hopp

　　泡沫量少且消散相对快速，酒体呈黑色，香气首先透出酒精感，接着有烤麦芽和微微的巧克力味道。入口可以喝到烘烤的风味，接着释放出酒精感、巧克力风味等，尾韵延续上述提到的风味，并带点咖啡、土壤的气息，整体来说，酒感重且相对辛辣。

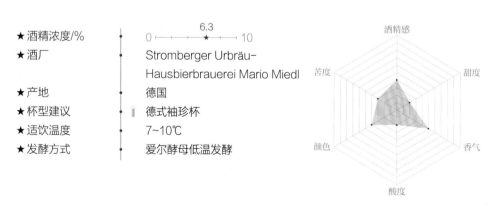

- ★ 酒精浓度/%　　　0 ├──┼─ 6.3 ★──┤ 10
- ★ 酒厂　　　　　　Stromberger Urbräu-Hausbierbrauerei Mario Miedl
- ★ 产地　　　　　　德国
- ★ 杯型建议　　　　德式袖珍杯
- ★ 适饮温度　　　　7~10℃
- ★ 发酵方式　　　　爱尔酵母低温发酵

秋田阿尔特啤酒
Tazawako Alt

泡沫量少且消散缓慢，酒体呈深琥珀色，香气为焦糖、一点深红色系水果香，还有树叶的气息。入口可以尝到麦芽、谷物、焦糖和深红色系水果的风味，还有微微的酵母气息。

★ 酒精浓度/% ・
★ 酒厂 ・ Warabi-za Co.
★ 产地 ・ 日本
★ 杯型建议 ▎ 德式袖珍杯
★ 适饮温度 ・ 7~10℃
★ 发酵方式 ・ 爱尔酵母低温发酵

最佳餐酒搭配
Beer Pairing

老啤酒的麦芽中透出吐司、坚果和少许面包边的香气，同时也带出淡淡的果香、焦糖、麦香与泥土味，辅以明显却不苦的酒花香，尾韵干爽，5%左右的酒精浓度，适合搭配偏重口味的餐食。

老啤酒在餐酒搭配中不仅能提升酱汁的风味，更能使啤酒的特性融入料理之中，带出隐含于其中更细微的味觉感受，能提升肉酱、法式多蜜酱等许多料理的灵魂。这些料理在和老啤酒搭配之下，每一口都有新体验。

在与瑞典肉丸的搭配中，酱汁经过老啤酒的洗礼，使得味蕾变得清爽，借此能明显尝到肉丸原始的滋味。

以酱油慢火炖煮的台式卤猪脚也非常适合与老啤酒搭配，猪脚中的胶质，再与老啤酒中的甜味互相搭配下，让整体的风味更显优雅。而老啤酒中的坚果味正好与日式胡麻沙拉的胡麻酱相搭，同类的味觉元素也让料理在整体味觉上达到加乘的效果。

品尝老啤酒与葡萄牙白葡萄酒蛤蜊时，啤酒会冲淡蛤蜊本身的咸味，也会增加蒜头与草本的香气，并借由气泡感赋予蛤蜊加倍弹嫩的肉质。

推荐

葡萄牙白葡萄酒蛤蜊
瑞典肉丸
台式卤猪脚
秘鲁辣酱鸡肝
烤鲔鱼
白酱蘑菇鸡肉
红豆口味豆花
日式胡麻沙拉
索尔斯伯利牛肉饼

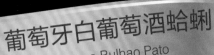

葡萄牙白葡萄酒蛤蜊
Clams a Bulhao Pato

★材料★

蛤蜊	14颗
牛番茄	1颗
蒜头	1颗
白葡萄酒	30毫升
海鲜高汤	150毫升
新鲜香芹	适量
香菜	适量

★做法★

① 蛤蜊洗净，泡盐水放置4小时待吐沙完成。倒掉盐水，反复清洗蛤蜊，确定盐完全洗净。

② 将牛番茄去皮切丁，蒜头与香芹分别切碎备用。

③ 取一平底锅，热锅后加入橄榄油，加入蒜碎转小火炒香，蒜碎成金黄色后加入蛤蜊、番茄丁及香菜简单拌炒。

④ 从锅边倒入白葡萄酒续煮至酒精挥发，加入海鲜高汤，拌匀后盖上锅盖焖煮30秒至1分钟，开盖后确认蛤蜊全开。

⑤ 盛盘后撒上新鲜香芹即完成。

烟熏啤酒 Rauchbier

　　烟熏啤酒是班贝克（Bamberg）的特产，要说烟熏啤酒是最复古的酒款之一一点也不为过。传统上会以山毛榉木或橡树木来烘干麦芽，现代则以樱花木或苹果树等木屑烟熏，燃烧出来的烟自然就会熏至麦芽上面，这让酿出来的啤酒会多带有烟熏的风味。

　　由于烟熏啤酒的定义只在于使用熏烤过的麦芽，除了传统德式啤酒之外，现在可以看到许多其他的烟熏啤酒，如烟熏美式皮尔森、世涛，甚至是烟熏IPA。对于未曾试过烟熏啤酒的人，总能在入口后，感受到难以形容的惊艳，浓烈的烟熏感与缤纷的气息变化，从泥煤、木质、培根甚至到龙眼干皆隐隐显露于烟熏风味之中。新西兰的酵母男孩（Yeastie Boys）就利用烟熏与酒花的搭配创造出一款近似于艾雷岛威士忌的泥煤风味。一般的烟熏啤酒在品尝时可以感受到浓郁的龙眼干风味，其他的风味则会因制作的基底啤酒不同而有差异。

推荐酒款
Beer Recommendation

朗客施伦克拉三月烟熏啤酒
Aecht Schlenkerla Rauchbier Marzen

　　泡沫偏多且消散相对缓慢，酒体呈琥珀棕色，香气为烟熏风味、龙眼及木质香气。入口可以喝到龙眼、木质，以及一点麦香及培根香。

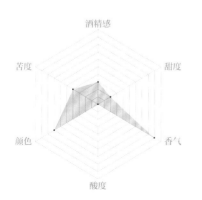

★ 酒精浓度/%	0　　5.1　　　　10
★ 酒厂	Schlenkerla
★ 产地	德国
★ 杯型建议	小麦啤酒杯 威力比切杯
★ 适饮温度	7~10℃
★ 发酵方式	拉格酵母低温发酵

雷达图标签：酒精感、甜度、香气、酸度、颜色、苦度

汉斯工艺玛丽娜BBQ陈酿啤酒
Hanscraft Mahoni Marina BBQ Dark Ale

　　泡沫量偏多且消散缓慢，酒体呈红宝石棕色，香气为木质香和烟熏香气。入口同样可以喝到木质和烟熏风味。

★ 酒精浓度/%

★ 酒厂　　　　　Hanscraft & Co.

★ 产地　　　　　德国

★ 杯型建议　　　🍺 小麦啤酒杯
　　　　　　　　🍺 威力比切杯

★ 适饮温度　　　7~10℃

★ 发酵方式　　　爱尔酵母高温发酵

八怪老烟枪黑啤酒
8 Wired Big Smoke

　　泡沫量非常多且消散相对缓慢，酒体呈黑色，香气为少许酒花、一些蓝纹奶酪、巧克力的香气，也有烟熏的感觉。入口可以喝到烟熏、烤麦芽、少许酒花、一点蓝纹奶酪的风味，也有黑巧克力的风味。

★ 酒精浓度/%

★ 酒厂　　　　　8 Wired Brewing Co.

★ 产地　　　　　新西兰

★ 杯型建议　　　🍺 小麦啤酒杯
　　　　　　　　🍺 威力比切杯

★ 适饮温度　　　7~10℃

★ 发酵方式　　　爱尔酵母高温发酵

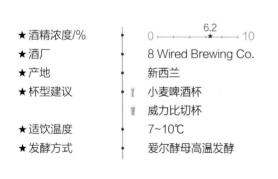

罗曼湖烟熏啤酒
Loch Lomond Inchlonaig

　　泡沫量少且消散相对快速，酒体呈淡琥珀色，香气为烟熏、泥炭的气息与中药感。入口可以喝到烟熏、泥炭的风味，泥炭的风味会带出中药的感觉，以及少许的酒精感和面包风味在尾韵。

★ 酒精浓度/%

★ 酒厂　　　　　 Loch Lomond Brewery
★ 产地　　　　　 英国
★ 杯型建议　　　 小麦啤酒杯
　　　　　　　　 威力比切杯
★ 适饮温度　　　 7~10℃
★ 发酵方式　　　 爱尔酵母高温发酵

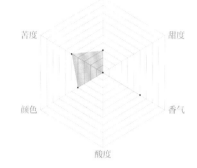

最佳餐酒搭配
Beer Pairing
★★★★★

　　烟熏啤酒在餐酒搭配上可以说是烤肉与烟熏奶酪的绝配。Rauch为德文的烟熏之意，可以带烟熏风味的料理搭配，如烟熏奶酪、烟熏鲑鱼、烤栗子、烧烤等，甚至是非食品的雪茄皆能因其同质性产生相匹配的滋味。许多中式菜肴使用大火快炒的技法，借由熏烤部分食材让料理在烹煮过后，附着微微的烟熏感，如回锅肉、辣子鸡丁等。

　　回过头探究啤酒的原始特色，烟熏啤酒的基底多以梅尔森、慕尼黑淡拉格为主，也更显现出麦芽风味在餐酒搭配上的重要。尤其是带有焦糖香的料理，如使用日式照烧酱烹调的酱烧鳗鱼在与烟熏啤酒的搭配下，更凸显酱汁的甘甜并同时能洗刷过多的油腻感。

　　烟熏啤酒搭配日式料理倒也是不错选择。腌渍萝卜足以消弭包裹米饭和鲑鱼的紫菜，并透出微微鱼鲜，酒中烟熏的风味使得腌渍物转为淡怡的甜，烘烤过后的香气也与烟熏啤酒相当搭配。不妨来试做鲑鱼烤饭团吧！

推荐

南美阿萨多烧肉
各式烟熏料理
肉粽
蟹肉蘸酱佐批塔面包
日式拉面
鲑鱼烤饭团
酱烧鳗鱼
回锅肉
辣子鸡丁

鲑鱼烤饭团

Grilled Rice Ball with Salmon

★材料★

白米饭	适量
鲑鱼松	适量
胡椒盐	适量
海苔粉	适量
鲣鱼香松	适量
海苔	2片

★做法★

❶ 将白米饭和鲑鱼松、胡椒盐、海苔粉、鲣鱼香松混合均匀，倒入饭团模具中塑型。

❷ 烤箱预热220℃，将成形的饭团烤至两面表皮酥脆，涂上照烧酱，再将照烧酱烤干。

❸ 海苔片烤2~3秒，烤干后包裹饭团即完成。

五月博克 Maibock

五月博克（Maibock）又被称作Helles Bock、Heller Bock或Frühlingsstarkier，意即浅色的博克，属于高强度拉格（博克）的一种。又由于五月博克多在春季时完成酿造开桶，所以又被称为春季博克。与一般博克相比，五月博克由于利用浅色麦芽酿造，色泽上呈现金黄透明，风味上，借由精确掌控酒花与麦汁的比例，达到清爽并且甜而不腻的平衡，同时可以明显感受到贵族酒花淡雅的香气。

德国巴伐利亚地区酿造许多季节专属啤酒；颜色深、口感强的博克属于冬季啤酒，而小麦、拉格常在夏季被饮用。那介于春夏之间就诞生了这款酒精浓度在6%~7.5%vol的浅色博克啤酒。不同于一般博克使用山羊图案作为代表，属于五月博克的图腾是绿色并带有鲜花及植物的图案。

五月博克一词最早是17世纪的酿酒师Elias Pichler所使用；成长于爱贝克（Einbeck）的他受慕尼黑皇室邀请至当时刚开张的Hofbräuhaus（HB）酒厂传授酿酒技艺，在传授技艺过程中将其中一款酒命名为五月博克。然而，依据浅色啤酒是在19世纪才得以被酿造来推断，当时的五月博克跟今天喝到的浅色烈拉格差异颇大。

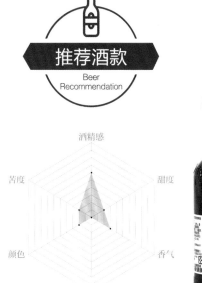

推荐酒款
Beer Recommendation

弗伦斯堡
春季限定博克
Flensburger Fruhlingbock

泡沫量少且消散相对快速，酒体呈淡金色，香气带有一点麦香及草本香。入口可以喝到麦芽风味与一点酒精感。

★ 酒精浓度/%	0 —— 6.9 —— 10
★ 酒厂	Flensburger Brauerei Emil Petersen
★ 产地	德国
★ 杯型建议	小麦啤酒杯
★ 适饮温度	4~8℃
★ 发酵方式	拉格酵母低温发酵

慕尼黑皇家五月博克
HB Maibock

　　泡沫量少且消散相对快速，酒体呈琥珀色，香气为微微的麦芽带一点草本风味。入口首先可以喝到麦芽的风味，接着有一点草本、薄荷的感觉，尾韵则有酒精感释出。

★ 酒精浓度/% 　　　　　0 ———— 7.2 ———— 10

★ 酒厂 　　　　　Staatliches Hofbräuhaus München

★ 产地 　　　　　德国

★ 杯型建议 　　　　　小麦啤酒杯

★ 适饮温度 　　　　　4~8℃

★ 发酵方式 　　　　　拉格酵母低温发酵

帕拉蒂5号啤酒
Poretti 5 Luppoli Bock Chiara

　　泡沫量少许且消散相对缓慢，酒体呈深金色，香气为一点麦芽、果香。入口可以喝到麦芽风味带酒精感。

★ 酒精浓度/% 　　　　　0 ———— 6.5 ———— 10

★ 酒厂 　　　　　Birrificio Angelo Poretti

★ 产地 　　　　　意大利

★ 杯型建议 　　　　　小麦啤酒杯

★ 适饮温度 　　　　　4~8℃

★ 发酵方式 　　　　　拉格酵母低温发酵

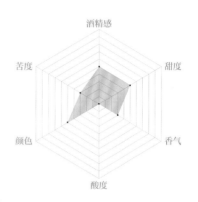

麦纳布鲁斯尔春天啤酒
Maneblusser Lente

　　泡沫量非常庞大且消散相对快速，酒体呈淡金色，香气为一点麦芽、少许草本香气。入口首先可以喝到果香，接着为少许的柑橘风味，而麦芽风味在柑橘味后释出，更带有焦糖的风味。

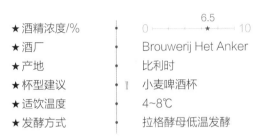

- ★ 酒精浓度/% 6.5
- ★ 酒厂 .... Brouwerij Het Anker
- ★ 产地 .... 比利时
- ★ 杯型建议 .... 小麦啤酒杯
- ★ 适饮温度 .... 4~8℃
- ★ 发酵方式 .... 拉格酵母低温发酵

最佳餐酒搭配

Beer Pairing

★★★★★

　　五月博克有麦芽、面包与吐司的香气，酒精浓度偏低并且拥有少许酒花风味，故适合与带草本气息的餐点搭配。浓郁的麦芽香适合配辛辣的食物，而酒花遇上草本、花草气息也相当般配，举例来说，川菜中的麻与辣正符合所有要件，和五月博克是绝配。土豆也是很好的搭酒食材，简单的凉拌酸辣土豆丝，里面的胡椒粒与酒花风味相衬。

　　而深入思量酒花和麦芽的风味，台湾传统甜点烧仙草与五月博克结合，那带清甜、草香与微微的薄荷味搭起来，也能提升整道甜点的丰富滋味。

　　本书中我们介绍的是牙买加炸玉米饼，因酒花可带动牙买加炸玉米饼中的蔬菜香气，让其风味更加爽口。而肉馅多汁浓郁，玉米则衬托整道料理并让五月博克达到甜而不腻的效果，搭配起来十分美味。

推荐

照烧牛肉
牙买加炸玉米饼
烟熏牛肉三明治
烧仙草

牙买加炸玉米饼
Jamaican Corn Fritters

★材料★

肉酱

猪绞肉	200克
洋葱末	30克
蒜末	7克
墨西哥辣椒	20克
番茄糊	20克
番茄酱	20克
肯琼香料粉	5克
辣红椒粉	适量
甜红椒粉	适量
小茴香	2.5克
盐	适量
黑胡椒粒	适量
细砂糖	15克
水	80毫升

牙买加炸玉米饼

玉米粒罐头	600克
青辣椒	1根
盐	适量
全蛋	1颗
低筋面粉	400克
玉米粉	16克
土豆	1颗
孜然粉	2.5克
黑胡椒粒	适量
焗烤用奶酪丝	适量
肉酱	适量

 ★做法★

肉酱

❶ 热油锅，爆香蒜末、洋葱末，下墨西哥辣椒、猪绞肉拌炒。

❷ 续下番茄糊、番茄酱、水煮沸后，放入各式香料煮到收汁。

❸ 最后加入盐、黑胡椒、糖调味，完成肉酱。

牙买加炸玉米饼

❶ 土豆去皮后煮软压成泥。青辣椒去籽、切末备用。

❷ 玉米粒打碎，加入青辣椒、全蛋、面粉、土豆泥拌匀，下孜然粉、黑胡椒粒、盐调味。

❸ 玉米泥用冰淇淋勺平均分好，稍微压成圆扁状。

❹ 玉米饼裹上面粉，下油锅炸3~5分钟。

❺ 玉米饼上铺一层肉酱再铺奶酪丝，放入预热烤箱220℃烤10~15分钟。

双倍博克可分为两种，深色双倍博克与浅色双倍博克，酒精浓度在6.8%~14%vol。主要起源于德国南部，深色的风味上带有丰富且厚实的麦香，温和焦糖及烟熏风味。浅色的风味上带有清甜麦香与含蓄的果香气息。

在1516年巴伐利亚《啤酒纯酿法》刚实施的前一百年中，巴伐利亚由于酿酒技术还不够发达，仍常从爱贝克进口符合《啤酒纯酿法》的啤酒。这一切要从爱贝克的酿酒师Elias Pichler来到慕尼黑皇家酒厂（HB）后才慢慢有所改变。他以巴伐利亚的低温发酵技术，酿制出了真正符合现代博克定义的啤酒。双倍博克在这里扮演着承先启后的角色，最重要的酒款莫过于由保拉纳出品的Salvator了。慕尼黑的方济各会修士（Franciscan）为了庆祝圣方济各日，酿造出了一款高浓度、高甜度的深色啤酒，并以Sankt Vater Bier（Holy Father Beer）命名。

由于名称太过绕口难念，几年后遂改名为"Salvaror"，并以此酒进贡给统治者巴伐利亚大公。1799年，方济各会将酒厂出售，几经辗转后在1813年由Franz Xaver Zacherl接手，并以圣方济各Francesco Di Paola为名将酒厂取名为保拉纳（Paulaner），并保留Salvator之名至今。

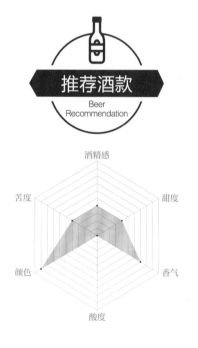

推荐酒款
Beer Recommendation

酒精感
苦度　　　　甜度
颜色　　　　香气
酸度

艾英格庆祝者双博克
Ayinger Celebrator

泡沫量庞大且消散缓慢，酒体呈红宝石棕色，香气为浓郁的麦芽和烤吐司的香气。入口可以尝到非常多的麦芽，带有焦糖、糖蜜和烤吐司的风味。

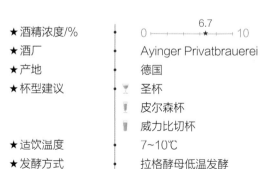

★酒精浓度/%	0　　6.7　　10
★酒厂	Ayinger Privatbrauerei
★产地	德国
★杯型建议	圣杯
	皮尔森杯
	威力比切杯
★适饮温度	7~10℃
★发酵方式	拉格酵母低温发酵

艾根堡陈年啤酒王
Eggenberg Samichlaus Classic

　　泡沫量少并且立马消失，酒体呈较深一些的浅琥珀色，香气为强劲的麦香以及一点糖浆香气、酒精感。入口可以喝到浓厚的麦香和甜味，尾韵则会有一股烧烤的风味。

★ 酒精浓度/%
★ 酒厂　　　　　Schloss Eggenberg
★ 产地　　　　　奥地利
★ 杯型建议　▽ 圣杯
　　　　　　　Ⅰ 皮尔森杯
　　　　　　　Ⅰ 威力比切杯
★ 适饮温度　　　7~10℃
★ 发酵方式　　　拉格酵母低温发酵

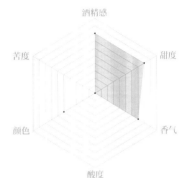

图赫双倍博克啤酒
Tucher Bajuvator Doppelbock

　　泡沫量极多且消散相对缓慢，酒体呈深琥珀色，香气为带有浓郁的酵母味麦香。入口可以喝到带点酵母味的麦香、微微的酒精感后味。

★ 酒精浓度/%
★ 酒厂　　　　　Tucher Brau
★ 产地　　　　　德国
★ 杯型建议　▽ 圣杯
　　　　　　　Ⅰ 皮尔森杯
　　　　　　　Ⅰ 威力比切杯
★ 适饮温度　　　7~10℃
★ 发酵方式　　　拉格酵母低温发酵

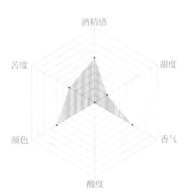

尚恩修道院双倍博克黑啤酒
Tucher Kloster Scheyern Poculator

泡沫量庞大且消散相对缓慢，酒体呈柔和的琥珀色，香气为浓厚的麦芽与糖浆的甜香。入口可以喝到麦芽味带少许的糖浆风味，尾韵则反复出现上述的风味。

★ 酒精浓度/%	0 —— 7.6 —— 10
★ 酒厂	Tucher Brau
★ 产地	德国
★ 杯型建议	圣杯
	皮尔森杯
	威力比切杯
★ 适饮温度	7~10℃
★ 发酵方式	拉格酵母低温发酵

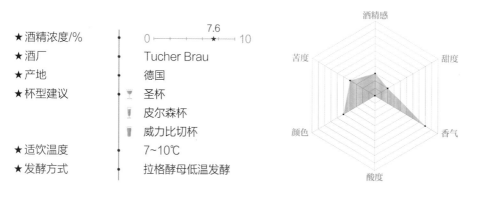

最佳餐酒搭配

Beer Pairing

★★★★★

双倍博克着重麦芽、焦糖以及烘焙的香气，酒精浓烈，浓度从6%一路向上。饮用时能感受到明显的甜，苦度偏低，适合热爱麦芽风味的人士品饮。

在搭配上，双倍博克可释放肉的野味却又不至于腥膻，例如内馅满是米饭的哥伦比亚式烤乳猪，啤酒中的麦芽与焦脆的猪皮十分般配。此外，当台式山猪肉香肠与双倍博克一同入口，不仅保留猪肉的清甜，也吃得到火烤后的焦香。

不论何种肉料理的酱汁，也经常扮演不可或缺的角色，以北京烤鸭为例，甜面酱满足了食客对咸甜的欲求，也增添了鸭肉的香浓。沿用此概念，与港式烧腊搭配也有着异曲同工之妙。

高浓度的双倍博克往往受限于其甜腻，使饮用者味觉疲乏，然而这时搭配上香草冰淇淋，味蕾转瞬为优雅自适，两者相辅呈现出这般完美的搭配。

而培根和大阪烧在美拉德反应下产生的焦糖风味，与双倍博克中的麦芽、焦糖相当契合。酒中本身的甜释放了更多食材的滋味，而高酒精浓度也阻断了培根的油脂，啤酒与酱汁的结合也完美平衡了整体的咸香气息。

推荐

北京烤鸭

烤乳猪

台式山猪肉香肠

土豆泥佐肉汁

危地马拉式炖鸡锅

香草冰淇淋

焦糖布蕾

培根奶酪大阪烧

烟熏奶酪三明治

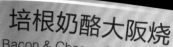

培根奶酪大阪烧
Bacon & Cheese Okonomiyaki

★材料★

大阪烧面糊		大阪烧面糊	120毫升
高筋面粉	50克	卷心菜丝	140克
低筋面粉	100克	红姜丝	10克
盐	少许	葱末	10克
水	150毫升	玉米粒	40克
蛋黄	半颗	奶酪丝	80克
		培根	4片
		鸡蛋	1颗
		大阪烧酱	适量
		柴鱼粉	适量
		海苔粉	适量
		日式蛋黄酱	适量

★做法★

❶ 面糊材料混合均匀调成面糊。

❷ 平底锅预热下油，把培根煎至焦脆，再煎一颗半熟太阳蛋备用。

❸ 大阪烧面糊、红姜丝、卷心菜丝、葱末、玉米粒、奶酪丝混合均匀。

❹ 热油锅，将面糊倒入锅中，煎至一面固定上色后，翻至另一面也煎至固定上色。

❺ 依序刷上大阪烧酱，挤上日式蛋黄酱，并撒上海苔粉、柴鱼粉。

❻ 最后放上培根、半熟蛋即完成。

小麦博克 Weizenbock

博克在一般人的认知中属于烈性德式拉格，名称源自于德国中部城市，博克一词取其谐音而诞生，近代博克一词已不限定拉格使用，凡是酒精浓度6%vol以上的德式啤酒都可以冠以"博克"之名。因此，虽然小麦博克（Weizenbock）是以爱尔方式酿造，却也有着博克之名。

小麦博克可以理解为加强版的德式小麦啤酒，有着比一般德式小麦啤酒更浓的麦汁，甚至最高到9%vol的酒精浓度。今天能喝到的小麦博克主要可以分为深色与浅色两种，浅色小麦博克就如同加浓版的小麦啤酒（Hefeweizen），除了酒精浓度高之外，香蕉、丁香、酵母的风味也都明显提升许多；深色小麦博克则包含了以上各点，辅以深色黑啤酒的麦芽甜味，呈现出另一种不同的感觉。

推荐酒款
Beer Recommendation

裸岛伯恩斯坦小麦博克
Nøgne Ø Amber Weizenbock

泡沫量相当多且消散得非常缓慢，酒体呈淡琥珀色，香气为温和的焦糖果香以及微微的草本香气。入口可以喝到焦糖感的果香、微微的香蕉香、泡泡糖以及太妃糖的风味。

★ 酒精浓度/% ｜ 0 —— 6.5 —— 10
★ 酒厂 ｜ Nøgne Ø
★ 产地 ｜ 挪威
★ 杯型建议 ｜ 小麦啤酒杯
★ 适饮温度 ｜ 4~8℃
★ 发酵方式 ｜ 爱尔酵母高温发酵

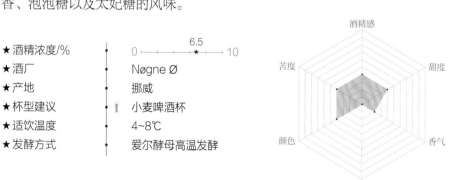

酒精感 / 甜度 / 香气 / 酸度 / 颜色 / 苦度

啤酒头小雪小麦博克
Taiwan Head Minor Snow Taiwan Weizenbock

　　泡沫量极少且消散缓慢，酒体淡金色，香气为带着丁香味的酵母香。入口同样可以喝到带着丁香风味的果香。

★ 酒精浓度/%　　　0 ——★—— 10　6.9
★ 酒厂　　　　　　Taiwan Head Brewers Brewing Co.
★ 产地　　　　　　中国台湾
★ 杯型建议　　　　小麦啤酒杯
★ 适饮温度　　　　4~8℃
★ 发酵方式　　　　爱尔酵母高温发酵

施耐德小麦博克
Schneider Weisse Mein Aventinus TAP6

　　泡沫量相当多且扎实，消散得相对缓慢，酒体呈深琥珀色，香气为带有细微酵母香气的香蕉风味。入口可以喝到清楚的香蕉味以及一点点的酒精感。

★ 酒精浓度/%　　　0 ——★—— 10　8.2
★ 酒厂　　　　　　Schneider Weisse G. Schneider & Sohn
★ 产地　　　　　　德国
★ 杯型建议　　　　小麦啤酒杯
★ 适饮温度　　　　4~8℃
★ 发酵方式　　　　爱尔酵母高温发酵

维森圣维特小麦博克
Weihenstephaner Vitus

泡沫量相当多且消散得相对缓慢，酒体呈淡金色，香气为酵母味以及带点丁香感的香蕉气味。入口可以喝到香蕉以及带点泡泡糖风味的酵母香。

★ 酒精浓度/%	0 ——— 7.7 ——— 10
★ 酒厂	Bayerische Staatsbrauerei Weihenstephan
★ 产地	德国
★ 杯型建议	小麦啤酒杯
★ 适饮温度	4~8℃
★ 发酵方式	爱尔酵母高温发酵

最佳餐酒搭配
Beer Pairing
★★★★★

小麦博克就如加浓版的酵母小麦啤酒，苦度不高，除了酒精浓度高之外，香蕉、丁香、酵母的风味也都明显提升许多，随着不同麦芽的烘焙程度，也拥有烤吐司面包的气息。

浓度和甜度高的小麦博克适合与味道强烈的哥伦比亚餐点搭配，如奶酪芭蕉三明治。不论是以烤或是炸的形式呈现，内馅都可以尝得到浓郁的奶酪与芭蕉酱的香甜风味。相较于多数口味淡雅的啤酒，品质佳的小麦博克可以稍稍消减食物本身的油腻感，菜肴也可以借啤酒的气泡感来增强滋味。这个原理当然也可套用于相似的餐点中，像台湾夜市的地瓜球、甜的卡莎蒂亚等，整体来说甜食与小麦博克并不冲突，滋味反倒相互平衡。

小麦博克中的丁香香气，适合搭配以大量香辛料入菜的料理，如辛辣红咖喱、匈牙利炖牛肉。而啤酒中的浓郁麦芽香也适合与蘑菇、鸭肉等食材搭配，像是经典的鸭肉酱佐牛肝菌这道料理。再推荐一道甜咸交杂的智利玉米鲜肉派，佐以小麦博克的甜，啤酒可以强加馅料与酱汁的风味，玉米馅与玉米片也更能以不同层次展现，滋味出众。

推荐

地瓜球

烤奶酪芭蕉三明治

智利玉米鲜肉派

匈牙利炖牛肉

鸭肉酱佐牛肝菌

印度奶酪咖喱

辛辣红咖喱

香蕉卡莎蒂亚

智利玉米鲜肉派
Chilean Corn Casserole

★材料★

玉米粒	370克
牛奶	100毫升
黑胡椒	适量
奶油	20克
细砂糖	22.5克
鸡胸肉	60克
黑橄榄	10克
肉酱	60克（做法请参阅P.87）
水煮蛋	1颗
玉米片	适量

★做法★

❶ 玉米粒和牛奶、黑胡椒混匀，以调理机打碎。

❷ 将玉米糊和奶油、细砂糖放入锅中煮沸完成玉米馅。

❸ 将肉酱铺在烤皿容器底部。

❹ 铺上黑橄榄片、切片水煮蛋、鸡胸肉片，最后铺上满满的玉米馅

❺ 撒上薄薄一层细砂糖，放入预热的烤箱220℃烤10分钟，烤至上色。

❻ 用玉米片搭配即完成。

古斯啤酒 Gose

古斯啤酒发源自16世纪的德国戈斯拉尔（Goslar），当地的水质本身就比较偏咸，因此酿造出的啤酒都会因盐分带有咸味，又称盐小麦啤酒。古斯啤酒酿造过程中除了会使用超过50%的小麦麦芽之外，仅使用非常少量的酒花，另外会添加盐与香菜籽，是少数不受巴伐利亚《啤酒纯酿法》规范的酒种之一。

风味上，古斯啤酒属于酸啤酒的一种，酸度持久，除了明显的柠檬酸外，还带有草本及咸味。 在早期，古斯啤酒也是使用天然发酵方式，一直到了19世纪80年代，酿酒师才发现以爱尔酵母加上乳酸菌以提高发效率增加酸味，之后才得以大量生产制造。然而古斯啤酒在"二战"后一度绝迹，直至1988年，才在酿酒师Lothar Goldhahn的努力之下重新找回市场。近年来美国酒厂为不让比利时以白啤酒或兰比克为基底的水果啤酒专美于前，开始以柏林小麦或古斯啤酒来创造新型的水果啤酒，也让古斯啤酒真正开始在全世界流行起来。

▎安德森山谷西瓜小麦酸酒
Anderson Valley Briney Melon Gose

泡沫量少且消散相对快速，酒体呈淡金色，香气为带点酸奶香气的水果香并且藏有一点西瓜的香气。入口可以喝到明显、清楚的西瓜香气、咸味以及一点苦韵。

推荐酒款
Beer Recommendation

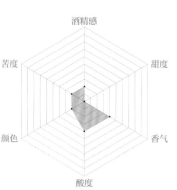

★酒精浓度/%	0 —— 4 —— 10
★酒厂	Anderson Valley Brewing Company
★产地	美国
★杯型建议	圣杯
	德式袖珍杯
★适饮温度	4~8℃
★发酵方式	混合发酵

雷达图标签：酒精感、甜度、香气、酸度、颜色、苦度

啤哈月之海古斯啤酒
Plha Beer Salt Water Gose

　　泡沫量偏多且消散缓慢，酒体呈淡雅的浅稻色，香气近似白葡萄酒，也带点梅子的香味。入口可以喝到水蜜桃的香气，酸中带点苦及咸。

★ 酒精浓度/%
　　　　　　　　　0 ————— 4.7 ————— 10
★ 酒厂　　　　　　Brothers Brewery
★ 产地　　　　　　新西兰
★ 杯型建议　　　　▽ 圣杯
　　　　　　　　　▯ 德式袖珍杯
★ 适饮温度　　　　4~8℃
★ 发酵方式　　　　混合发酵

纳帕“No喂”玛格丽特古斯啤酒
Naparbier No Guey

　　泡沫量小且消散快速，酒体呈淡金色，香气为一丁点金属感、柑橘香似朗姆酒和柠檬，少许梅兹卡尔酒与草本气息显现，入口可以喝到一丁点咸味，接着如朗姆酒和柠檬的柑橘风味，与些许花香和酵母、麦芽在尾韵越趋明显。

★ 酒精浓度/%
　　　　　　　　　0 ————— 4.5 ————— 10
★ 酒厂　　　　　　Naparbier
★ 产地　　　　　　西班牙
★ 杯型建议　　　　▽ 圣杯
　　　　　　　　　▯ 德式袖珍杯
★ 适饮温度　　　　4~8℃
★ 发酵方式　　　　混合发酵

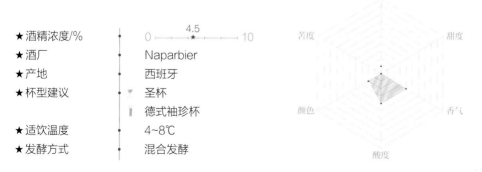

嘿凤梨海盐爱尔
Taihu Hey! Pineapple Gose

泡沫量少许并且消散快速，酒体呈淡色，香气为浓郁的菠萝香，类似于菠萝蛋糕带一点微微的潮湿气息。入口可以喝到菠萝风味，同时带有淡淡的咸味与麦芽风味。

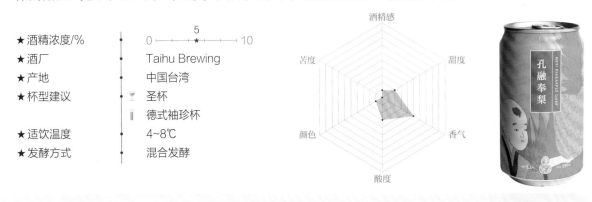

★ 酒精浓度/%	
★ 酒厂	Taihu Brewing
★ 产地	中国台湾
★ 杯型建议	圣杯
	德式袖珍杯
★ 适饮温度	4~8℃
★ 发酵方式	混合发酵

最佳餐酒搭配
Beer Pairing

古斯啤酒属于酸啤酒的一种，为相当独特的啤酒类型。酸度持久，除了有明显的柠檬酸外，还带有香菜籽、草本与微微的乳酸及咸味。其带有咸味的特性，使得古斯啤酒在餐酒搭配上相当好搭配。

当油脂与酸味产生交互作用，后者能完美平衡油脂带来的油腻感，同时提升料理的风味。最常见的例子为炸物类附的柠檬片，而古斯啤酒也可以达到和柠檬一样的效果，故能与酥炸鸡软骨、盐酥田鸡等油炸类餐点一同享用，以达到去油解腻和提味之效。

其他部分，烧烤也会有与油炸、快炒料理相似的效果，使料理本身的油脂减少，释出这道菜更多不同的味道。而酒精浓度不高的古斯啤酒，也相当适合搭配海鲜，如日式海鲜沙拉、烤秋刀鱼、烤青鲋等，甚至与鱼汤也相当般配。

不同的酸味非但不会互相冲击，反而使味蕾越趋和谐，如古斯啤酒与酸菜锅的搭配就是个很好的例子，如能再搭配肉片与香菜一同享用，滋味随之提升。

西班牙海鲜汤里的蒜、番茄、坚果，提升了海鲜汤的层次，这样的结合在古斯啤酒的辅助下使多元风味趋于和谐，同时，气泡感增添了墨鱼的弹牙口感，淡菜、鲜虾等增加了汤的丰富性与绵延海味的鲜甜。

推荐

酸菜锅

酥炸鸡软骨

烤白肉鱼

日式海鲜沙拉

西班牙海鲜汤

盐酥田鸡

炒咸猪肉

烧烤草虾

西班牙海鲜汤
Spanish Seafood Soup

★材料★

整粒番茄罐头	50克	蛤蜊	2颗
洋葱	10克	淡菜	3个
新鲜迷迭香	1把	芥花油	适量
蒜头	10克	白兰地	10毫升
烟熏红椒粉	5克	鸡高汤	200 毫升
盐	5克	干燥香芹碎	适量
白虾	2只	黑胡椒	适量
墨鱼	2只		

★做法★

1. 洋葱一半切丝一半切丁，蒜头去皮切碎备用。
2. 白虾挑肠泥，去角，把须剪掉。蛤蜊泡盐水吐沙洗净。淡菜洗净去除杂毛及杂物。
3. 取一手把锅，加入芥花油炒香洋葱丝、一半蒜碎、新鲜迷迭香，再加入整粒罐头番茄煮沸，再以中小火炖煮10分钟。
4. 另起一油锅，炒香蒜碎，洋葱碎再加入海鲜后炝白兰地炒香，再加入步骤3的番茄酱汁、鸡高汤，以盐、胡椒调味，待蛤蜊全开熟后装盘，再撒上香芹碎即完成。

柏林小麦 Berliner Weisse

在1906年之前，德国北部的啤酒在不受巴伐利亚《啤酒纯酿法》的规范下，啤酒的选择就如同今天的比利时，多样并且风格迥异，柏林小麦即为其中的一种风格。

柏林小麦为柏林当地限定啤酒，清爽、细腻与充满气泡感的酒体曾被拿破仑的士兵们奉为"北方的香槟"。柏林小麦入口有淡淡的乳酸味，酸而不腻，非常解渴，尾韵带着些微的麦芽、谷物与生面团的风味。酒精感淡，酒精浓度也只介于2.8%~3.8%vol，适合夏天畅饮，在柏林当地也会以顾客的酸甜喜好来搭配糖浆调味。

20世纪以前的柏林小麦与比利时的兰比克一样使用天然酵母，但今天的古斯啤酒和柏林小麦主要是以乳酸菌直接发酵。20世纪早期开始，流行将麦汁分做两份，一半以正规酵母菌发酵产生酒精，另一半则用乳酸菌产生酸度，最后再将两者混合。今天酒厂在设备允许的状况下，会将全部麦汁先与乳酸菌作用，待pH（酸度）足够后经过第一段巴氏杀菌，而后加入酵母菌发酵制成啤酒。

▌八怪嬉皮士柏林酸小麦
8 Wired Hippy Berliner

泡沫量少且消散相对快速，酒体呈稻色，香气为柑橘香，也可闻到少许花香味的荔枝香气。入口可以喝到微微的柑橘香、带点醋酸味的草本后味。

推荐酒款
Beer
Recommendation

★酒精浓度/%	0 —— 4 —— 10
★酒厂	8 Wired Brewing Co.
★产地	新西兰
★杯型建议	圣杯
	德式袖珍杯
★适饮温度	4~8℃
★发酵方式	混合发酵

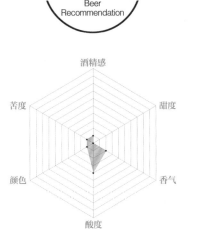

（雷达图：酒精感、甜度、香气、酸度、颜色、苦度）

沛罗柏林白啤酒
BRLO Berliner Weisse

　　泡沫消散得非常快速，酒体呈稻色，香气为带果味的麦香。刚入口可以喝到带点酵母香的酸味以及一点麦香。

★ 酒精浓度/%
★ 酒厂　　　　　　BRLO
★ 产地　　　　　　德国
★ 杯型建议　　▽　圣杯
　　　　　　　　⊔　德式袖珍杯
★ 适饮温度　　　　4~8℃
★ 发酵方式　　　　混合发酵

0　　　4　　　10

23忧民大黄瓜酸啤
23 Islander Weisse Cucumber

　　泡沫量少且消散快速，酒体呈淡色，香气为淡淡的麦芽，带少许的果香，也能感受到潮湿的气息。入口可以喝到一点小黄瓜、麦芽、酸奶的酸香，以及野生酵母的气息，尾韵有少许的西瓜皮和淡淡的香辛料风味。

★ 酒精浓度/%
★ 酒厂　　　　　　TW 23 Brewing Company
★ 产地　　　　　　中国台湾
★ 杯型建议　　▽　圣杯
　　　　　　　　⊔　德式袖珍杯
★ 适饮温度　　　　4~8℃
★ 发酵方式　　　　混合发酵

0　　　5　　　10

奥利特爱哭鬼柏林酸小麦
Het Uiltje Crybaby

泡沫量少且消散相对快速，酒体呈淡金色，香气为柑橘、一点似酸奶的清甜与麦芽香。入口首先可以喝到麦芽、柑橘的风味，最后可以感受到酸感。

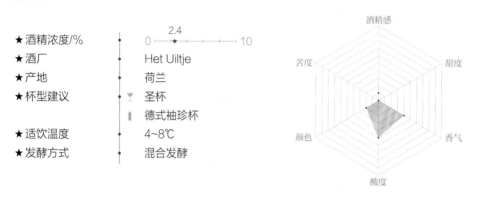

★ 酒精浓度/%		2.4
		0 —— 10
★ 酒厂		Het Uiltje
★ 产地		荷兰
★ 杯型建议	▽	圣杯
		德式袖珍杯
★ 适饮温度		4~8℃
★ 发酵方式		混合发酵

最佳餐酒搭配
Beer Pairing
★★★★★

柏林小麦的苦度与酒精浓度皆低，饮用时能明显感受到酸味与强烈的气泡感，但无酒花味，属于较温和的啤酒类型，适合搭配口味适中的料理。

柏林小麦颇适合搭配结合奶油与奶酪的菠菜料理，能使餐点不易腻口并且提升整体口感。另外，与自然鲜甜的海鲜也很合适，除了能消弭料理中过于复杂的风味，也具有柠檬般的效果，点缀料理增添风味。

而以开胃菜来说，柏林小麦可选以凯撒沙拉作搭配，啤酒中的气泡感能均衡沙拉酱过重的风味，释出更多食材的原味与凸显萝蔓生菜清爽的口感，让人可以无负担地享用。柏林小麦也能使鸡蛋香气芳醇，蛋黄转为柔和，并借烤面包块补足口感，酒中原本的酸味与番茄形成爽口的香气，凯撒酱汁也为沙拉起到画龙点睛的效果。

推荐

砂锅炖菠菜
凯撒沙拉
菠菜卡莎蒂亚
各式炸虾
嫩菠菜水波蛋佐荷兰酱
日式醋渍鲭鱼
蘑菇肉酱
柠檬烤巴沙鱼

凱撒沙拉
Caesar Salad

★材料★

蛋黄酱

蛋黄	1个
葡萄籽油	500毫升
葵花籽油	500毫升
橄榄油	500毫升
细白砂糖	15克
白醋	20毫升

凯撒沙拉

鳀鱼	1条
酸豆	15克
黄色芥末酱	3克
帕玛森奶酪粉	30克
柠檬汁	10毫升
蒜	2瓣
红酒醋	10毫升
塔巴斯哥辣酱	适量
黑胡椒	适量
牛至	适量
新鲜香芹末	5克
萝蔓生菜	适量
小番茄	5颗
水煮蛋	1颗
长棍面包	适量
帕马森奶酪丝	适量
干燥香芹	适量

 ★做法★

蛋黄酱

❶ 蛋黄中加入砂糖，搅拌至完全融合，有点呈现乳化状态。

❷ 加一点油搅拌融合。直到看不见油的液态状，分次慢慢地把剩下的油倒入，蛋黄酱会越来越浓稠。

❸ 最后加入醋继续搅拌均匀至乳白色状态。

凯撒沙拉

❶ 鳀鱼、酸豆、蒜放入果汁机，加入柠檬汁和红酒醋，稍微搅打后取出。

❷ 加入蛋黄酱，再加入黄色芥末、奶酪粉、黑胡椒粒、牛至、新鲜香芹末、两滴塔巴斯哥辣酱搅拌均匀，完成凯撒酱。

❸ 长棍面包切成小丁，放入预热200℃烤箱烤至上色。

❹ 萝蔓生菜切至一口大小，洗净，泡水冰镇后沥干，拌入1大匙凯撒酱平均蘸上，再放入沙拉盘中。

❺ 周围撒上切半的小番茄与切片的水煮蛋，接着撒上帕玛森奶酪丝、面包丁，最后撒上干燥香芹即完成。

 ★小贴士★   烤面包丁时，若想增添香气也可将奶油与面包丁拌入，再送入烤箱至上色。

冰博克 Eisbock

德式啤酒中浓度最高的就属冰博克了，动辄10%~12%vol的高酒精浓度颠覆许多人对德国啤酒的认识。Eis在德文为冰之意，EisBock理所当然地翻译成为"冰博克"。

此外，冰博克也是近代博克中唯一不是诞生自慕尼黑的类型；1890年的秋天，位于Kulmbach的Reichelbrau酒厂发生了一件事，工人们在冬天来临前忘记将两桶酒移至地窖之中，随后来的大雪将两桶酒深深地掩埋在雪堆之中。当隔年春天雪融时，工人们发现酒桶中大部分的水仍未解冻，冰块取出后这两桶酒浓度高得吓人，以上便是冰博克诞生的故事。随后Reichelbrau由Kulmbach酒厂所买下，经典的冰博克便由Kulmbach Eisbock所继承。除了高酒精浓度，冰博克往往还有浓郁的焦糖麦甜，基底则不限啤酒种类，小麦或大麦啤酒都可以是冰博克的原酒。

施耐德冰酿博克啤酒
Schneider Aventinus Eisbock

泡沫量偏多但消散得相对快速，酒体呈深琥珀色，香气为藏着烟熏感的浓郁麦香。入口可以喝到葡萄柚、麦香以及甜味与明显的酒精感。

- ★ 酒精浓度/%　0 —— 12 ★ —— 15
- ★ 酒厂　Schneider Weisse G. Schneider & Sohn
- ★ 产地　德国
- ★ 杯型建议　皮尔森杯
- ★ 适饮温度　4~10℃
- ★ 发酵方式　爱尔酵母高温发酵

推荐酒款
Beer Recommendation

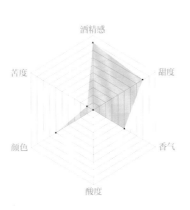

酒精感・苦度・颜色・酸度・香气・甜度

奥利特星星大战黑啤酒
Het Uiltje Light Darkness & Balance

泡沫量少且消散相对快速，酒体呈黑色，首先能感受到酒精感，接着有烤麦芽带微微的巧克力香。入口可以喝到烘烤的香气，接着有少许的酒精感与巧克力的风味，尾韵则带有咖啡与土壤的气息，以及辛辣和浓厚的酒精感。

★ 酒精浓度/%	19.3
★ 酒厂	Het Uiltje
★ 产地	荷兰
★ 杯型建议	皮尔森杯
★ 适饮温度	10~13℃
★ 发酵方式	拉格酵母低温发酵

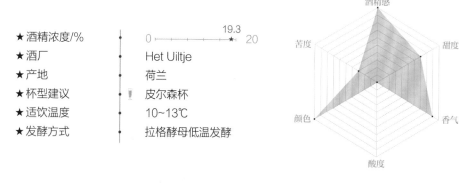

最佳餐酒搭配

Beer Pairing

冰博克与双倍博克相似，皆拥有浓郁的焦糖麦甜，酒精感与其他风味在酿造的过程中浓缩，整体来说酒精浓度较双倍博克高。啤酒中带有与菇类类似的土壤气息，适合与血制食品搭配，如牛肝菌炖饭、英国黑布丁等皆有助于提升餐酒搭配的风味。

而啤酒中的麦芽带有焦糖化、烘焙等香气，与烟熏手撕猪富有丰富油脂的特性相当般配，酱汁也扮演相当重要的角色，建议搭餐时可选择甜度高、口味重的酱汁与餐点搭配，使滋味更上一层楼。

巧克力熔岩蛋糕、卡士达奶油的高甜度甜点也很适合冰博克，酒精不仅能更凸显甜点的风味，甜品的滋味也能将酒精感完整包覆，让人不自觉沉醉其中。

标新立异的冰博克拥有明显的酒精感与甜味，搭配味重的腊肠肉丸佐辣番茄酱，不仅掩盖了肉丸可能带来的油腻，也彰显了腊肠的肉汁原味以及腌渍的香料风味。

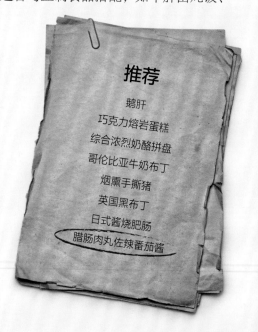

推荐

鹅肝

巧克力熔岩蛋糕

综合浓烈奶酪拼盘

哥伦比亚牛奶布丁

烟熏手撕猪

英国黑布丁

日式酱烧肥肠

腊肠肉丸佐辣番茄酱

腊肠肉丸佐辣番茄酱

Chorizo Meatball with Hot Tomato Sauce

108

★材料★

猪绞肉	250克
蒜末	1.3克
盐	1.3克
红酒	10毫升
黑胡椒粒	1.3克
甜红椒粉	3.8克
辣味红椒粉	3.8克
茴香籽	1.3克

辣番茄酱

蒜末	1颗
洋葱切丁	1/5颗
鸡高汤	100毫升
番茄切丁罐头	150克
糖	2.5克
辣红椒粉	2.5克
甜红椒粉	2.5克

★小贴士★

拌炒肉丸时，小心别把肉丸压散，快速但小心拌炒。

★做法★

❶ 猪绞肉持续摔打，让肉质更有弹性和黏性。

❷ 加入全部的调味料，将调味料与猪绞肉混合均匀。

❸ 猪绞肉搓成丸子状，一颗约30克。

❹ 烤箱预热至200℃，烤盘铺上烤盘纸，肉丸放至烤盘并留下间隔，以防肉丸粘在一起。

❺ 肉丸烤8分钟，以探针检查熟度，全熟后放置备用。

❻ 平底锅加热后加入橄榄油，下洋葱丁，转中小火拌炒，待洋葱略微上色后再加入蒜碎拌炒至香气飘出。

❼ 再下鸡高汤和全部的调味料，待调味料完全融入辣番茄酱后加入肉丸。

❽ 以中小火稍微煮一下让肉丸入味，辣番茄酱更加浓稠后，转为大火快速拌炒肉丸，直到辣番茄酱沾附在肉丸即可。

❾ 盛起肉丸，最后再将剩余的辣番茄酱铺仕肉丸上，接着撒上新鲜香芹即完成。

Chapter 4

英式啤酒

—— English Beer ——

英国作为爱尔发酵的起源国家，有着丰富多样的爱尔啤酒。而英国人如其酒，保守内敛的性格与社交饮酒文化，使得英国啤酒讲究均衡、细腻，在麦芽和酒花的表现上尽量不去偏重任何一方，让整支酒更加易饮、耐喝；相比清爽顺口、把握时光趁新鲜时一饮而尽的拉格啤酒，英式爱尔值得细细用心品味。

打开英式啤酒的历史，会发现许多精酿啤酒的"大明星"都是船"运"出来的，包含运去印度的印度淡色爱尔（IPA）、运往波罗的海和俄罗斯帝国的帝国世涛（Imperial Stout），以及全世界第一款大明星，连德国都曾以深色拉格冠其名的波特（Porter）。仔细研究英国啤酒的发展，会发现就像一部朝代史，几乎每一种风格，都曾经历过巅峰与没落。从轻爱尔（Mild）、棕色爱尔（Brown Ale）、波特（Porter）、世涛（Stout）、印度式淡爱尔（IPA）到苦啤酒（Bitter），如果不是近年来英国真爱尔运动的努力推行和酒厂们热衷于复刻老式啤酒，可能很多啤酒类型我们再也品尝不到。

■ 英国真爱尔运动
Campaign for Real Ale

相对于20世纪70年代美国精酿啤酒的逐渐兴起，大西洋另一端的英国也展开了类似的啤酒文艺复兴——真爱尔运动（Campaign for Real Ale），称CAMRA。

真爱尔运动是一个创立于1971年的独立自主性的消费者组织，宗旨为保护人们免受大型企业的利用。此组织为英国最大的单一消费群体，也是欧洲啤酒消费者联盟（EBCU）创始成员之一。

传统上，英国的啤酒主要是以木桶盛装（Cask Ale），第一次发酵完毕后，会在木桶中再加入一次糖与活酵母后开始熟成并直接运送往各个酒吧，由侍酒人员决定熟成是否完成和开桶。这些真正的生啤酒虽然保质期极短并且管控不易，但由于不经过加热杀菌，得以呈现啤酒真正的原味和每家酒吧的个性，因此也称为真爱尔（Real Ale）。

第二次世界大战后，英国酒吧逐渐流行契约制度，借由与酒厂的合约使得运营资金得到保障，条件是酒吧内所供应的啤酒会受到限制。这原本不是太严重的问题，但20世纪60年代开始，英国的啤酒酿造业逐渐舍弃了未经消毒过滤、木桶熟成的传统爱尔啤酒，改以制造经过滤、杀菌或人工填充二氧化碳的产品来贩售。这些产品或许可以提升啤酒的一致性和稳定性，但缺少的变化性逐渐让英国啤酒缺乏特色。这使得部分爱喝传统啤酒的爱好者发现了一个事实——他们所钟爱的老味道在以后可能会消失。

鉴于此，为了自己以后能喝到更多好啤酒和振兴英国啤酒的品质，1971年3月16日，在Dunquin的一间名为Kruger's的酒吧，CAMRA正式由Michael Hardman、Graham Lees、Jim Makin与Bill Mellor所创立。由于四人皆有媒体背景，这个集团的宗旨很快地便广为人知，到了第二年即有超过5000人响应加入。

■ CAMRA 所确认的目标

1. 保护与改善啤酒消费者权益。

Protect and improve consumer rights.

2. 监督啤酒的品质、多样性与价值。

Promote quality, choice and value for money.

3. 提升酒吧的素质，并使其成为社区的活动和交流中心。

Support the public house as a focus of community life.

4. 保护和推广英国传统的啤酒、苹果酒与梨子酒。

Campaign for greater appreciation of traditional beers, ciders and perries as part of our national heritage and culture.

5. 追求所有合法登记酒吧及整个酿造产业的进步。

Seek improvements in all licensed premises and throughout the brewing industry.

CAMRA经过四十几年的努力，改变了很多法规，为的就是保护当地的酒吧以确保啤酒产业的发展，也取消了很多关税，不让当地中小企业卡在庞大的啤酒税当中而无法有效经营。总之没有真爱尔运动，现今我们可能无法品尝到这么多款英式风味的啤酒了。今天，有"英国啤酒守门员"之称的CAMRA在全世界已经拥有超过18万名会员，并且英国的大小啤酒厂除了外销的啤酒；经过灭菌之外，普遍上都是以传统方式熟成，并真正以木桶盛装的真爱尔。

苦啤酒 Bitter

　　Bitter中文翻译为苦啤酒，被公认为是最能代表英国啤酒的类型之一。虽然名称为苦啤酒，但其苦啤酒起源是相对于Mild较苦的啤酒因而得名，其苦度尚不及IPA或许多美式啤酒高。在英国，也将苦啤酒直接称作淡爱尔（Pale Ale），原因是淡爱尔在英国被广泛定义为比波特颜色浅的酒款。

　　苦啤酒的颜色从金黄到古铜色都有，酒精浓度在3%~7%vol。多使用英式酒花酿造，口感上带有焦糖熏香、泥土气息和微微的果香，具有麦芽与酒花均衡的特性。除了基本款，浓度在4.1%vol以下的Best Bitter之外，还有苦度和酒精浓度稍高的Premium Bitter（4.1%~4.7%vol），以及酒精浓度更高，简称为ESB的Extra Special Bitter及Special Bitter。

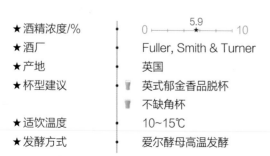

富乐英式特殊苦啤酒
Fuller's ESB

　　泡沫量少且消散得非常快速，酒体呈淡琥珀色，香气为带点焦糖香的麦味以及果香。入口可以喝到麦香、焦糖香以及一点点酒花香，还有一点土壤香。

★ 酒精浓度/%　　　　0 —— 5.9 —— 10
★ 酒厂　　　　　　　Fuller, Smith & Turner
★ 产地　　　　　　　英国
★ 杯型建议　　　　　英式郁金香品脱杯
　　　　　　　　　　不缺角杯
★ 适饮温度　　　　　10~15℃
★ 发酵方式　　　　　爱尔酵母高温发酵

蔡氏苦啤酒
Tsai's Bitter

　　泡沫量少且消散得相对快速，酒体呈深金色，香气为麦香、果香以及微微的坚果香气。入口可以喝到相当程度的坚果香气以及一点果香，还有烘焙后味。

★ 酒精浓度/%　　　　　0 —— 4.7 —— 10
★ 酒厂　　　　　　　　Tsais Actual Brewing
★ 产地　　　　　　　　中国台湾
★ 杯型建议　　　　　　英式郁金香品脱杯
　　　　　　　　　　　不缺角杯
★ 适饮温度　　　　　　10~15℃
★ 发酵方式　　　　　　爱尔酵母高温发酵

圣彼得最佳苦啤酒
St Peter's Best Bitter

　　泡沫量少且消散相对缓慢，酒体呈较深一些的浅琥珀色，一开始会先闻到谷物味，接下来则会转变为清楚的烘焙麦香。刚入口可以喝到麦香、酒花香，并会喝到苦韵及果香后味。

★ 酒精浓度/%　　　　　0 —— 3.7 —— 10
★ 酒厂　　　　　　　　St. Peter's Brewery Co.
★ 产地　　　　　　　　英国
★ 杯型建议　　　　　　英式郁金香品脱杯
　　　　　　　　　　　不缺角杯
★ 适饮温度　　　　　　10~15℃
★ 发酵方式　　　　　　爱尔酵母高温发酵

布鲁塞尔啤酒研究室巴比伦啤酒
Baby Lone

泡沫量非常多且消散相对缓慢，酒体为柔和的琥珀色，香气为清爽的热带水果香和一丁点土壤香气，入口可以喝到热带果香、土壤风味和绵延至吞咽后久久未散的苦韵。

★ 酒精浓度/% ────── 0 —— 7 —— 10
★ 酒厂 ────── Brussels Beer Project
★ 产地 ────── 比利时
★ 杯型建议 ────── 英式郁金香品脱杯
　　　　　　　　　 不缺角杯
★ 适饮温度 ────── 10~15℃
★ 发酵方式 ────── 爱尔酵母高温发酵

最佳餐酒搭配
Beer Pairing
★★★★★

苦啤酒口感上带有焦糖、泥土气息和微微的果香，具有麦芽与酒花均衡的特性。

苦啤酒在餐酒搭配上最常见的有两种料理，其一为咖喱，如印度马萨拉咖喱带香辛料与土壤的风味，正好与苦啤酒的泥土气息相配，并依不同的咖喱搭配相对应的各式苦啤酒。第二则是炸鱼薯条，炸鱼薯条淋上麦芽醋后，不仅稍微缓解油炸的腻，随着苦啤酒的加入，鱼肉更加多汁鲜嫩并且不会感到腻口，苦啤酒更透出一丝鱼肉的鲜甜，搭配得恰到好处。

土耳其果仁蜜饼、宫保鸡丁，或是带丰厚辛辣的印度马萨拉咖喱，不论甜、咸皆能以坚果作为媒介，使苦啤酒中的果仁香与料理共同谱出和谐乐章。

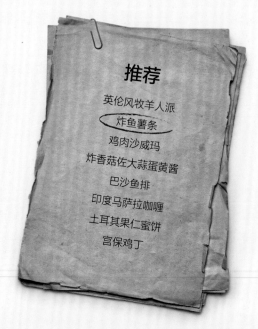

推荐

英伦风牧羊人派
炸鱼薯条
鸡肉沙威玛
炸香菇佐大蒜蛋黄酱
巴沙鱼排
印度马萨拉咖喱
土耳其果仁蜜饼
宫保鸡丁

炸鱼薯条
British Fish and Chips

★材料★

鳕鱼	1片	**塔塔酱**	
低筋面粉	220克	蛋黄酱	45克
玉米粉	110克	水煮蛋	1颗
泡打粉	5克	洋葱	1/4颗
盐	1.3克	酸黄瓜	2条
啤酒	180毫升	糖	5克
香芹叶	2.5克	黑胡椒粒	适量
辣椒粉	1.3克		
薯条	适量		

★做法★

1. 鳕鱼切成片状。

2. 面粉、玉米粉、泡打粉、辣椒粉、盐、香芹叶拌匀，倒入啤酒搅拌均匀。

3. 鱼片加入面糊中，下油锅炸3~5分钟起锅。薯条也入油锅炸。

4. 将洋葱和酸黄瓜切成末。

5. 倒入蛋黄酱、水煮蛋拌匀后调味即完成塔塔酱，搭配炸鱼薯条一起品尝。

棕色爱尔 Brown Ale

棕色爱尔源自英国，口感及颜色介于轻爱尔与波特之间，但如同其他以颜色命名的啤酒种类，其味觉与嗅觉上很难被单一界定。源自于17世纪的棕色爱尔一直非常流行直至波特和IPA出现之后，当时的英国人因为更强烈口感的酒种而逐渐舍弃较轻盈的棕色爱尔；今日所流行的棕色爱尔为20世纪初的复刻酒款。

现今的棕色爱尔主要分为三种主要风格：英国南部的口感较为甜腻，酒花量用得也较少；北部的较偏核桃、坚果、烤面包香等风味，酒花比例也相对较重；美式的除颜色外普遍使用美系酒花，但部分的美国酒厂也会出产标准英式风格的棕色爱尔。

推荐酒款
Beer
Recommendation

纽卡索棕色爱尔
Newcastle Brown Ale

泡沫量庞大且消散相对快速，酒体呈柔和的琥珀色，香气为麦芽、土壤的气息。入口可以喝到麦芽香带少许坚果的风味，以及微微的焦糖、果香。

★酒精浓度/%	0 —— 4.7 —— 10
★酒厂	John Smiths
★产地	英国
★杯型建议	英式郁金香品脱杯
	不缺角杯
	圆锥品脱杯
★适饮温度	10~15℃
★发酵方式	爱尔酵母高温发酵

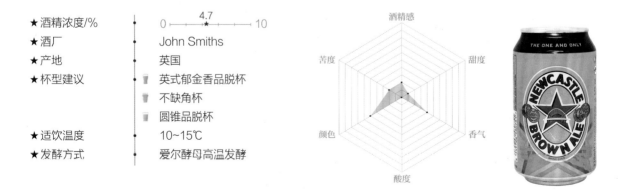

森美尔核桃棕色爱尔
Samuel Smith Nut Brown Ale

　　泡沫量偏多且消散得相对缓慢。酒体呈淡琥珀色，香气为带着烘烤感的麦香。入口可以喝到焦糖、麦香以及坚果的味道，并且带一点酸。

★ 酒精浓度/%
★ 酒厂　　　　　　Samuel Smith
★ 产地　　　　　　英国
★ 杯型建议　　　　英式郁金香品脱杯
　　　　　　　　　不缺角杯
　　　　　　　　　圆锥品脱杯
★ 适饮温度　　　　10~15℃
★ 发酵方式　　　　爱尔酵母高温发酵

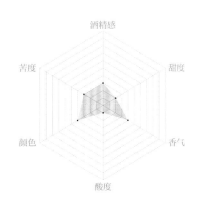

罗格榛子棕色爱尔
Rogue Hazelnut Brown Ale

　　泡沫量少且消散得相对缓慢，酒体呈较深一些的琥珀色，香气为巧克力香以及坚果香气。入口可以喝到明显的榛果香气、摩卡咖啡香味以及麦香后味。整体清淡。

★ 酒精浓度/%
★ 酒厂　　　　　　Rogue Ales & Spirits
★ 产地　　　　　　美国
★ 杯型建议　　　　英式郁金香品脱杯
　　　　　　　　　不缺角杯
　　　　　　　　　圆锥品脱杯
★ 适饮温度　　　　10~15℃
★ 发酵方式　　　　爱尔酵母高温发酵

菲格罗亚山戴维棕色爱尔
Figueroa Moutain Davy Brown Ale

　　泡沫量少且消散缓慢，酒体呈琥珀棕色，香气为微微的酒花、坚果、烤麦芽和一点焦糖调性。入口可以喝到深色系水果的风味，以及微微的樱桃香，尾韵有坚果和土壤的气息。

★ 酒精浓度/%	0 —— 6 —— 10
★ 酒厂	Figueroa Mountain Brewing Co.
★ 产地	美国
★ 杯型建议	英式郁金香品脱杯
	不缺角杯
	圆锥品脱杯
★ 适饮温度	10~15℃
★ 发酵方式	爱尔酵母高温发酵

最佳餐酒搭配
Beer Pairing

　　棕色爱尔以焦糖香为主，同时也带坚果、巧克力、烘烤麦芽的风味，随着英系、美系等不同的酒花种类与比例不同，有着不一样的餐酒搭配准则。

　　叙利亚羊肉丸的制作材料中，使用到碾碎小麦与麦芽，可以与棕色爱尔的坚果元素搭配。棕色爱尔的土壤气息适合与菇类相结合，蘑菇能和牛肉产生交互作用，因此俄罗斯酸奶炖牛肉将三个元素凑齐呈现，滋味非凡。

　　鹰嘴豆中蕴涵草本、坚果两大元素，常以不同比例形式来呈现，而鹰嘴豆也同样以麦芽作为媒介，鹰嘴豆烘烤过后形成焦糖化风味，皆与棕色爱尔的坚果、焦糖香相匹配，棕色爱尔搭配优格酱使草本风味更为突出，而与鹰嘴豆泥搭配则将获得更浓郁的坚果香，让餐酒搭配更上一层楼。

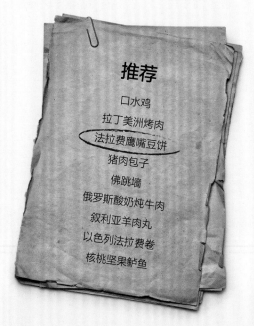

推荐

口水鸡

拉丁美洲烤肉

法拉费鹰嘴豆饼

猪肉包子

佛跳墙

俄罗斯酸奶炖牛肉

叙利亚羊肉丸

以色列法拉费卷

核桃坚果鲈鱼

法拉费鹰嘴豆饼
Chickpeas Falafel

干鹰嘴豆	225克	鹰嘴豆泥酱	
青葱	55克	鹰嘴豆罐头	2罐
蒜末	10克	（保留一罐汁液）	
盐	10克	芝麻酱	1/3杯
香菜	20克	柠檬汁	1/4杯
新鲜香芹	20克	盐	7.5克
新鲜薄荷	15克	蒜	2颗
孜然粉	4克	红甜椒	1颗
香草籽	2克	橄榄油	10克

鹰嘴豆泥酱

❶ 烤箱预热到200℃，把红甜椒放进烤箱烤10~15分钟，直到红椒皮可轻易剥除，然后去籽。

❷ 红椒以及其他材料都加入调理机打成泥状即完成。

法拉费

❶ 干的鹰嘴豆洗净，加入比鹰嘴豆多3倍的冷水浸泡一晚。隔天将鹰嘴豆沥干备用。

❷ 鹰嘴豆、香芹、香菜、香草籽、青葱、蒜末、孜然粉倒入调理机中打碎，放入冰箱冷藏15分钟。

❸ 从冰箱取出后捏成一颗一颗的球状。

❹ 热油锅，油温加热至190℃，将鹰嘴豆球入油锅炸。油温维持180~190℃，煎到双面皆呈金黄色。

❺ 用厨房纸吸油，撒上适量的盐，搭配鹰嘴豆泥即完成。

 调理机打鹰嘴豆时不需打得太细，保留一点颗粒，不会太黏也不会散开的程度。

英式金色爱尔 Golden Ale

　　20世纪80年代，传统爱尔酒厂面对着商业拉格的强烈竞争而式微，因此，英格兰当地传统爱尔酒厂研发出了口感较为接近一般商业拉格，但仍可明显感受到爱尔发酵风味的英式金色爱尔来扩展并保护现有市场。一般酒精浓度在4%~5%vol，酒体呈现漂亮的金黄色，较一般拉格略深一点。

　　英式金色爱尔入口清爽，酒体单薄，与一般英式苦啤酒比起来麦芽味较淡，酒花风味也较不明显。饮用上，英式金色爱尔口味展现出了以蜂蜜香为主的麦芽风味，并带有轻盈的甜味。最后，在尾韵部分仍能感受到带有英系酒花的花香与其所展现的草本、土壤味。

　　近年来，在美国、澳大利亚或新西兰的酒厂也会添加美系或南太平洋系酒花，让其水果气息更加明显。英式金色爱尔酒体轻盈解渴，却不失应有风味，非常适合在炎热的夏天畅饮。

推荐酒款
Beer Recommendation

奥斯陆"爱是你"彩虹黄金爱尔
Oslo Oslove

　　泡沫量少且消散缓慢，酒体呈深金色，香气随着温度的转换而变化相当有趣，温度低时有榴梿的香气，当到10~13℃时，有微微的芒果、柑橘，还有橘子皮和草本的气息。入口可以喝到树脂、热带水果如木瓜的风味，尾韵有柑橘皮的清香。

★ 酒精浓度/%　　　　0 ——— 4.7 ——— 10

★ 酒厂　　　　　　　Oslo Brewing Company

★ 产地　　　　　　　挪威

★ 杯型建议　　　　　英式郁金香品脱杯
　　　　　　　　　　雪克杯
　　　　　　　　　　不缺角杯
　　　　　　　　　　圆锥品脱杯

★ 适饮温度　　　　　10~13℃

★ 发酵方式　　　　　爱尔酵母高温发酵

酒精感　甜度　香气　酸度　颜色　苦度

魔法精灵英式金色爱尔
Hobgoblin Gold

　　泡沫量少且消散相对快速，酒体呈淡琥珀色，香气首先为一点潮湿的气味，接着有微微的草木、麦芽香。入口首先可以喝到微微的果香，麦芽、坚果的风味也渐渐浮现，尾韵的部分有一点焦糖和少许柑橘皮的风味，苦韵也在入口后久久不散。

- ★ 酒精浓度/%　　　　4.5
- ★ 酒厂　　　　Wychwood Brewery
- ★ 产地　　　　英国
- ★ 杯型建议　　　英式郁金香品脱杯
- 　　　　　　　雪克杯
- 　　　　　　　不缺角杯
- 　　　　　　　圆锥品脱杯
- ★ 适饮温度　　　10~13℃
- ★ 发酵方式　　　爱尔酵母高温发酵

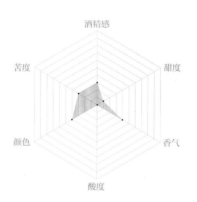

23金色尤物爱尔
23 #2 Natural Blonde

　　泡沫量少且消散相对缓慢，酒体呈淡金色，一点柑橘香气以及草本香。刚入口可以喝到一点草本香气以及微微的麦香尾韵，苦韵一开始不明显但会慢慢加重。

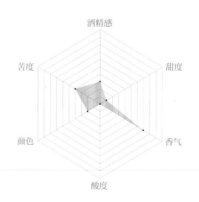

- ★ 酒精浓度/%　　　　5
- ★ 酒厂　　　TW 23 Brewing Company
- ★ 产地　　　中国台湾
- ★ 杯型建议　　英式郁金香品脱杯
- 　　　　　　雪克杯
- 　　　　　　不缺角杯
- 　　　　　　圆锥品脱杯
- ★ 适饮温度　　　10~13℃
- ★ 发酵方式　　　爱尔酵母高温发酵

岬角鲣鱼金色爱尔
Ballast Point Bonito Blonde

泡沫量少且消散快速。酒体呈淡金色。香气为微微的柑橘香、麦香、谷物香气。入口可以喝到酒花风味、草本味和一点酯味。

- ★ 酒精浓度/% • 0 ——— 4.5 ——— 10
- ★ 酒厂 • Ballast Point Brewing Company
- ★ 产地 • 美国
- ★ 杯型建议 • 英式郁金香品脱杯
  - 雪克杯
  - 不缺角杯
  - 圆锥品脱杯
- ★ 适饮温度 • 10~13℃
- ★ 发酵方式 • 爱尔酵母高温发酵

酒精感
苦度
甜度
颜色
香气
酸度

最佳餐酒搭配
Beer Pairing

英式金色爱尔有着少许面包与微微的蜂蜜、饼干香气；美式则以酒花的展现为主，尾韵带有美系酒花的花香、草本、松针、柑橘与酯香气息，酒精浓度与苦度也会逐渐提升。

英式金爱尔搭配油炸的餐点甚是美味，不论是来自中南美洲的酥炸全鱼佐炸芭蕉片、包裹猪皮的炸猪肉丸，或是台式的咸酥鸡、炸鸡皮以及炸百页豆腐，啤酒在洗涤油腻感的同时，也加强了餐点风味。甜点上，拔丝地瓜也因为英式金爱尔的清爽口感，让人忘却糖衣的甜腻与厚实的淀粉含量，一口接一口地吃。

越式软壳蟹生春卷中的春卷皮与越式河粉包裹蟹肉，清爽滋味不在话下，相当适合英式金色爱尔相搭。英式金色爱尔中的麦芽使春卷皮自然融入其中，酒花衬着蔬菜，以及微微的酒精感洗涤软壳蟹的油腻，此外，酒花更引领土豆点亮整道料理，呈现简单、轻盈的餐酒搭配。

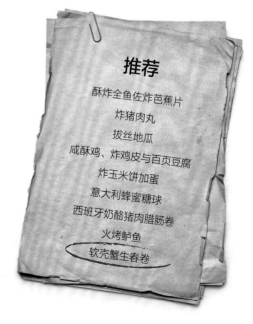

推荐

酥炸全鱼佐炸芭蕉片
炸猪肉丸
拔丝地瓜
咸酥鸡、炸鸡皮与百页豆腐
炸玉米饼加蛋
意大利蜂蜜糖球
西班牙奶酪猪肉腊肠卷
火烤鲈鱼
软壳蟹生春卷

软壳蟹生春卷
Softshell Crab Spring Rolls

★材料★

京都水菜	35克	酱料	
紫甘蓝丝	适量	番茄酱	12克
红萝卜丝	适量	蛋黄酱	50克
土豆泥	120克	蒜泥	少许
面包粉	适量	味噌	10克
蛋液	1颗	鲣鱼酱油	10毫升
低筋面粉	适量	水	10毫升
越南春卷皮	2片		
软壳蟹	1只		
橘色虾卵	适量		

★做法★

① 京都水菜切段与紫甘蓝丝、红萝卜丝拌匀。

② 软壳蟹裹上低筋面粉，蘸上蛋液、面包粉，以150℃油炸1分30秒，翻面再炸1分30秒，捞出后沥油切三段备用。

③ 越南春卷皮泡水约10秒，两片平铺并让1/2部分重叠。

④ 春卷皮上放蔬菜、土豆泥、软壳蟹，包好后卷起来。

⑤ 软壳蟹春卷切块，撒上虾卵。

⑥ 将酱料食材全部混合均匀，搭配一起品尝。

爱尔兰红色爱尔 Irish Red Ale

　　爱尔兰最知名的也最受欢迎的啤酒，莫过于使用未发芽大麦所酿制的爱尔兰世涛，其次是一般淡色拉格，最后，前面两种啤酒都不喜欢的"难搞"家伙，则会喝一种带有苦味的红色爱尔，也就是我们所称的爱尔兰红色爱尔。一般酒精浓度多在5%vol以下，苦度不高。酿造时除了麦芽，还会使用未发芽大麦、玉米或大米，让这一类的啤酒较一般红色爱尔或琥珀爱尔更轻盈，拥有非常均衡的口感。除了麦芽带出的淡淡焦糖香气，微量的双乙酰也赋予啤酒一丁点奶油的香气。

　　历史上，爱尔兰红色爱尔最早在公元8—9世纪已经出现，但与其他早期类型一样，酿造时并不一定使用到酒花，味道也与现在十分不同。今天所知的爱尔兰红色爱尔是在1710年由史密斯威克（Smithwick）酒厂成立时所推出的第一款酒Smithwick Draught Ale。1981年，美国康胜（Coors）酒厂买下了爱尔兰的米尔公园（Mill Park）酒厂，并以酿酒师之名在美国酿制Killians Irish Red。虽然康胜随后将配方调整，并且改由拉格酵母发酵，但这已让当时在爱尔兰十分凋零的爱尔兰红色爱尔找到了新的市场，带动许多美国微型酒厂兴起酿制风潮，也让美国成了爱尔兰红色爱尔的最大生产及饮用国。

推荐酒款
Beer Recommendation

▌小叛逆红色爱尔
Tiny Rebel Welsh Red Ale

　　泡沫量少且消散相对缓慢，酒体呈深琥珀色，香气为一点潮湿、脂味、柑橘与一点烟草气息。入口可以喝到一点热带水果、似柳橙的柑橘风味，再带点烟草和土味。

★ 酒精浓度/%　　　0 ——— 4.6 ★ ——— 10
★ 酒厂　　　　　　Tiny Rebel Brewing Co.
★ 产地　　　　　　英国
★ 杯型建议　　　　英式郁金香品脱杯
　　　　　　　　　雪克杯
　　　　　　　　　不缺角杯
　　　　　　　　　圆锥品脱杯
★ 适饮温度　　　　10~13℃
★ 发酵方式　　　　爱尔酵母高温发酵

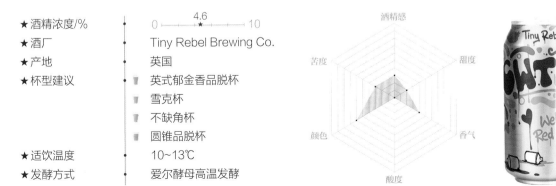

酒精感　甜度　香气　酸度　颜色　苦度

岩狐红啤
The Foxes Rock Red Ale

泡沫消散非常迅速；酒体呈淡琥珀色；香气为麦甜味，焦糖香以及微微的太妃糖香气。入口同样可以喝到焦糖香气，尾韵则可以感受到带着太妃糖的麦香，一点酸，以及微微的苦。

★ 酒精浓度/%   0 ——— 4.5 ——— 10
★ 酒厂   Station Works
★ 产地   爱尔兰
★ 杯型建议   英式郁金香品脱杯
                雪克杯
                不缺角杯
                圆锥品脱杯
★ 适饮温度   10~13℃
★ 发酵方式   爱尔酵母高温发酵

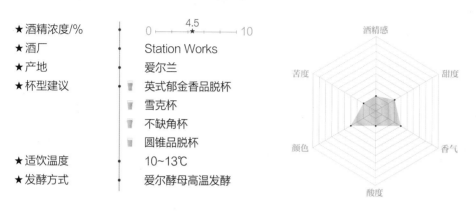

西凡萨69号红色爱尔
Cervezas 69 Red Ale

泡沫量多并且消散相对快速；酒体呈较深一些的浅琥珀色；香气为果香、麦香以及一点焦糖香。入口可以喝到麦香，一点深红色系水果的香味以及一点焦糖香。

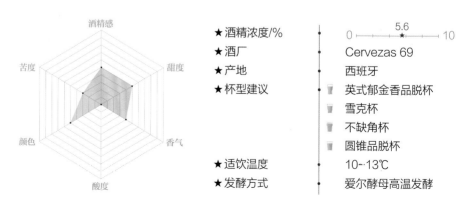

★ 酒精浓度/%   0 ——— 5.6 ——— 10
★ 酒厂   Cervezas 69
★ 产地   西班牙
★ 杯型建议   英式郁金香品脱杯
                雪克杯
                不缺角杯
                圆锥品脱杯
★ 适饮温度   10~13℃
★ 发酵方式   爱尔酵母高温发酵

哈勒道3号红色爱尔
Hallertau#3 Copper Tart Red Ale

　　泡沫量偏多但消散较快速；酒体呈深金色；香气为焦糖及麦香。入口能感受到浓厚的水果香以及焦糖风味。

★ 酒精浓度/%　　　　0 ├──4.2──┤ 10
★ 酒厂　　　　　　Hallertau Brewery
★ 产地　　　　　　新西兰
★ 杯型建议　　　　🍺 英式郁金香品脱杯
　　　　　　　　　🍺 雪克杯
　　　　　　　　　🍺 不缺角杯
　　　　　　　　　🍺 圆锥品脱杯
★ 适饮温度　　　　10~13℃
★ 发酵方式　　　　爱尔酵母高温发酵

最佳餐酒搭配
Beer Pairing
★★★★★

　　爱尔兰红色爱尔拥有麦芽与少许焦糖、烤吐司和太妃糖风味，并带浅浅的酒花香，酒精浓度一般在5%以下，适合搭配轻盈的餐食。以煎烤或火烤方式呈现的蜜汁鲑鱼，在与爱尔兰红色爱尔搭配之下，会释放出清甜的蜂蜜香气与鲑鱼原始的鲜甜。而啤酒中的焦糖与麦芽，也能搭配以日式照烧酱为主的串烤料理，不管何种肉品皆能借由爱尔兰红色爱尔透出肉汁的甜味。另外，沙嗲也是不错的餐酒搭配选择。不论是何种肉品的沙嗲，爱尔兰红色爱尔都能与其透出的焦糖、烧烤气息相搭，沙嗲酱含有多种香辛料，也能以酒花作衬托，使沙嗲的滋味更加隽永。

　　有趣的是，新加坡知名的咖椰吐司，富含椰香、奶油、糖霜以及烤吐司的香气，与爱尔兰红色爱尔中的麦芽、焦糖相结合，带出了面包感也提升了咖椰酱独特的甜味。若想选择以低甜度的餐食作搭配，则建议试试台式的烧饼油条夹蛋。

推荐

日式照烧酱肉串
海鲜炒面
新加坡咖椰吐司
印度煎饼
沙嗲肉串
烧饼油条加蛋
猪肉丼饭
蜜汁鲑鱼
葡式蛤蜊煮猪肉

沙嗲肉串
Satay Skewers

★材料★

去骨鸡腿肉	250克
沙茶酱	7.5克
辣椒酱	7.5克
花生酱	7.5克
咖喱粉	9克
蒜末	少许
洋葱碎	5克
姜末	7.5克
糖	2.5克
罐头椰奶	15克
冷冻香茅	37.5克
干燥月桂叶	2~4片
去壳花生	2.5克
酱油	7.5克
味淋	7.5克
酱油膏	2.5克
黑胡椒粒	适量

★小贴士★

　　放置越久香辛料的味道会更明显，风味也会更加浓郁。

★做法★

❶ 冷冻香茅退冰后用剪刀切成小段后备用，干燥月桂叶捏碎备用。

❷ 去壳花生用烤箱120℃烘烤15分钟至熟后，捣碎备用。

❸ 用打蛋器将沙茶酱、辣椒酱、罐头椰奶、花生酱、咖喱粉、蒜碎、洋葱碎、姜末、烤熟的去壳花生糖，均匀混合，再加入酱油、味淋、黑胡椒粒、酱油膏调味静置一天即可使用。

❹ 去骨鸡腿肉切块成串，均匀涂抹沙嗲酱，冷藏腌制一晚后，再将烤箱预热200℃，烤20~25分钟即完成。

苏格兰爱尔 Scotch Ale

　　苏格兰爱尔的名称源自19世纪苏格兰首都爱丁堡，在本质上和英式强爱尔或大麦酒并无明显区别。但随着时间发展，现今最正统的苏格兰爱尔味道被认为是浓郁的太妃糖、焦糖、麦香和极低的苦度，与微微的巧克力香。此外，苏格兰爱尔和苏格兰威士忌使用的麦芽烘烤方式不同，并不是以泥煤的方式烘烤。但苏格兰爱尔的熏烤味常被人和威士忌联想在一起，因此在一些地方也常被冠上"威士忌啤酒"出售。

　　苏格兰爱尔主要产地除了苏格兰就属美国和比利时为多。美式的苏格兰爱尔受酿酒师Bert Grant的影响，多带有明显的酒花苦味和香气，而比利时酒厂在酿造时偏好忠于原味。有趣的是，在比利时酒吧中若直接点"Scotch"时，上桌的是啤酒而不是威士忌，可见苏格兰爱尔在比利时受欢迎的程度。

推荐酒款
Beer
Recommendation

西丽苏格兰爱尔
Silly Scotch

　　深棕色酒液带红色光泽，细微的木头香气中带有榛果的味道，圆润的口感使含蓄浓郁的苦味脱颖而出。

★ 酒精浓度/%	0 ——— 8 —— 10
★ 酒厂	Brasserie de Silly
★ 产地	比利时
★ 杯型建议	雪克杯
	不缺角杯
★ 适饮温度	10~13℃
★ 发酵方式	爱尔酵母高温发酵

文艺复兴石匠之心苏格兰爱尔
Renaissance Stonecutter Scotch Ale

泡沫量相当多且消散得相当快速；酒体呈较深一些的浅琥珀色。香气上麦味非常明显。入口可以感受到浓郁的麦香以及焦糖香，尾韵有类似太妃糖的香气。

★ 酒精浓度/%   0 —————7—★—— 10
★ 酒厂   Renaissance
★ 产地   新西兰
★ 杯型建议   雪克杯
   不缺角杯
★ 适饮温度   10~13℃
★ 发酵方式   爱尔酵母高温发酵

特拉奎尔追随者甘醇啤酒
Traquair Jacobite Ale

泡沫量少且扎实，不易消散。酒体呈深琥珀色，香气层次多并且复杂，可以感觉到有一点像是带着焦糖以及类似威士忌香气的白啤酒风味。入口可以喝到麦香以及焦糖香。

★ 酒精浓度/%   0 —————8—★—— 10
★ 酒厂   Traquair House Brewery
★ 产地   英国苏格兰
★ 杯型建议   雪克杯
   不缺角杯
★ 适饮温度   10~13℃
★ 发酵方式   爱尔酵母高温发酵

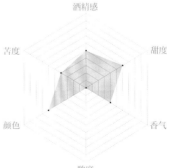

英仕血色天空朗姆桶陈啤酒
Innis&Gunn Rum Finish

泡沫量偏多且消散得相对快速；酒体呈较深一些的琥珀色，香气为微微的木质香气及酒精感。刚入口可以喝到带点酒精感的酵母香气，另外也可以喝到深红色系水果的香气，最后则是焦糖后味。

- ★ 酒精浓度/% · 0 ⎯ 6.8 ⎯ 10
- ★ 酒厂 · Innis & Gunn
- ★ 产地 · 英国
- ★ 杯型建议 · 雪克杯
- · 不缺角杯
- ★ 适饮温度 · 10~13℃
- ★ 发酵方式 · 爱尔酵母高温发酵

最佳餐酒搭配
Beer Pairing
★ ★ ★ ★ ★

苏格兰爱尔有着浓郁的麦芽、坚果、烤吐司、太妃糖以及焦糖的风味。品尝到较轻盈的版本时，则能感受到水果的香气。苏格兰爱尔随着酒精浓度不同，苦度方面也较多元，能与风味轻重不一的餐点搭配。

风味略微轻盈的苏格兰爱尔，可以透过啤酒中的坚果、麦芽提升鱼、肉的滋味，像是由生鱼片和沙拉组成的日式海鲜沙拉，以及运用生牛肉特制的意式生牛肉沙拉皆相当适合与其搭配。

风味较重的苏格兰爱尔可以与口味稍重的餐点搭配，奶油培根意大利面这道料理便是运用啤酒中的焦糖、麦芽、坚果来与奶油白酱相搭。来自培根与帕玛森奶酪的香气、鲜味，与苏格兰爱尔本身带鲜味与甜味的特性搭配得宜；而啤酒中的麦芽、焦糖提升了培根的鲜甜，并中和腌渍肉品的味道，减缓了料理产生的油腻，也使培根的油脂鲜醇甘芳。帕玛森奶酪适合搭配含有坚果风味的啤酒。同样地，法式焗烤土豆则是和富有奶酪、奶油与焦糖、麦芽的啤酒相呼应。

搭配甜点时，很推荐蒙布朗，因酒中的坚果香足以平衡蒙布朗的甜度，故不论再浓厚的苏格兰爱尔都能完美搭配甜腻的甜点。

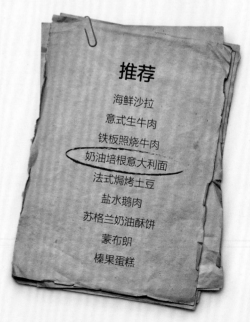

推荐
海鲜沙拉
意式生牛肉
铁板照烧牛肉
奶油培根意大利面
法式焗烤土豆
盐水鹅肉
苏格兰奶油酥饼
蒙布朗
榛果蛋糕

奶油培根意大利面
Pasta with Bacon in Cream Sauce

★材料★

整块培根	40克
蛋黄	2颗
意大利直面	220克
现磨帕玛森奶酪	20克
盐	适量
黑胡椒	适量
橄榄油	适量

★做法★

① 整块培根分切成1~2厘米厚，2厘米×4厘米的厚长片。

② 搅拌盆中加入蛋黄、帕玛森奶酪、盐、黑胡椒搅拌均匀。

③ 煮一锅沸水下盐，再加入意大利面煮9分钟备用。

④ 另取一平底锅加油烧热，放入培根爆香至逼出油脂。

⑤ 加入煮好的意大利面继续拌炒，可以加入煮面水，让培根油脂与意大利面一起乳化收干。

⑥ 倒入步骤2的蛋黄液，快速搅拌收汁。

⑦ 盛盘后，撒上帕玛森奶酪、黑胡椒粒即完成

印度淡色爱尔 India Pale Ale

IPA的全名为India Pale Ale，翻译作印度淡色爱尔，起源自18世纪英国伦敦和伯顿特伦特。18、19世纪从英国出发到达印度，啤酒需要撑过将近6个月的航程和温差。酿酒商George Hodgeson为了保鲜所需，便将旗下一款名为"十月啤酒"的酒款添加额外的酒花和更高的酒精浓度，这款啤酒在印度开桶后大受欢迎。

这一现象引起了其他酒厂争相模仿，19世纪中叶的英国开始出现正式以"India Pale Ale"命名的啤酒类型。IPA的酒精浓度一般在6%~8%vol，今日的IPA已经成为精酿啤酒界的超级巨星，许多IPA的子类型也不断出现。除了明显的苦度值外，强烈的酒花香气也成为吸引人的特色之一。

推荐酒款
Beer Recommendation

富乐IPA
Fuller's India Pale Ale

泡沫量偏多且消散得相对缓慢，酒体淡琥珀色，香气为酒花香以及麦香。入口可以喝到带酒花香的麦香以及一点点土壤香气。

★ 酒精浓度/%　　0 —— 5.3 —— 10
★ 酒厂　　　　　Fuller, Smith & Turner
★ 产地　　　　　英国
★ 杯型建议　　　英式郁金香品脱杯
　　　　　　　　雪克杯
　　　　　　　　不缺角杯
　　　　　　　　圆锥品脱杯
★ 适饮温度　　　10~15℃
★ 发酵方式　　　爱尔酵母高温发酵

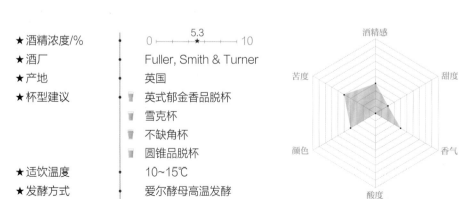

圣奥斯特绅派IPA
St Austell Proper Job Cornish IPA

　　泡沫量稍多且消散快速。酒体呈淡金色，香气为带点麦香的草本气息。入口可以喝到麦味、草本味与一点土壤风味。

★ 酒精浓度/%

0 ———— 5.5 ———— 10

★ 酒厂　　　　St Austell
★ 产地　　　　英国
★ 杯型建议　　英式郁金香品脱杯
　　　　　　　雪克杯
　　　　　　　不缺角杯
　　　　　　　圆锥品脱杯
★ 适饮温度　　10~15℃
★ 发酵方式　　爱尔酵母高温发酵

马斯顿旧帝国IPA
Marston's Old Empire IPA

　　泡沫量少且消散快速，酒体呈淡金色，香气为土壤、发霉和草本的气息。入口可以喝到土壤、发霉和草本等似香气的风味。

★ 酒精浓度/%

0 ———— 5.7 ———— 10

★ 酒厂　　　　Marston's Brewery
★ 产地　　　　英国
★ 杯型建议　　英式郁金香品脱杯
　　　　　　　雪克杯
　　　　　　　不缺角杯
　　　　　　　圆锥品脱杯
★ 适饮温度　　10~15℃
★ 发酵方式　　爱尔酵母高温发酵

森美尔IPA
Samuel Smith India Ale

泡沫量偏多且消散得非常缓慢，酒体呈淡琥珀色，香气不仅有果香也有草本的味道。入口可以喝到以苦为主的调性，但也有一点甜香及麦香。

★ 酒精浓度/%	0 —— 5 —— 10
★ 酒厂	Samuel Smith
★ 产地	英国
★ 杯型建议	英式郁金香品脱杯
	雪克杯
	不缺角杯
	圆锥品脱杯
★ 适饮温度	10~15℃
★ 发酵方式	爱尔酵母高温发酵

雷达图：酒精感、甜度、香气、酸度、颜色、苦度

最佳餐酒搭配
Beer Pairing
★★★★★

英式IPA融合了花香、青草、香辛料和自然的柑橘气息，有时也伴随轻微的饼干香、烤面包香、太妃糖或焦糖甜味，层次丰富的特性也能迎合轻盈到辛辣的餐点。

推荐与墨西哥鱼肉卷饼搭配，不论是鱼肉本身，或者带有番茄、辣椒的酱汁，都能借由英式IPA的柑橘香气加乘餐点的滋味。另外，提味的柠檬、香菜等食材，也与酒体中的青草调性相互产生共鸣。此外，相较于其他版本的IPA，英式IPA这种啤酒风格可以适度控制辣味，故能大胆尝试佐以墨西哥、泰国或韩国菜。

同时，英式IPA也能以各种形式提升猪肉料理。精心烧烤的叉烧肉散发出焦脆香气，与酒体中的烤面包风味极其相搭。若选择带有胡椒、辛辣气息的餐点，英式IPA也能辅以饼干、太妃糖香，将看似迥异的滋味交互融合在一起。举台式的平民小吃为例，不论是香气扑鼻的台式胡椒饼，或是浓郁多汁的猪肉馅饼，其饱满的猪肉馅料，都能借啤酒中的焦糖风味，形成简单却令人赞叹的佳肴。

当充满着浓郁香气的古巴破布牛肉与一般的IPA相遇时，牛肉在烹煮时吸收甜椒、番茄的风味，IPA不仅降低了食材的酸味，也激增牛肉的鲜甜。不仅于此，IPA也让油炸的木薯片不觉腻口，整个组合使人惊艳。

推荐

鸡肉蘑菇可丽饼

印度马萨拉咖喱

墨西哥鱼肉塔可

猪肉馅饼

台式胡椒饼

法式咸派

古巴破布牛肉佐木薯片

叉烧肉

古巴破布牛肉佐木薯片
Cuban Pulled Beef with Tajada

★材料★

牛腱肉	500克
木薯	半颗
蒜末	25克
紫洋葱	半颗
甜椒	半颗
青椒	半颗
白葡萄酒	半杯
水	500毫升
盐	2.5克
鸡高汤	100毫升
绿橄榄片	32克
番茄酱	100克
番茄糊	32克
甜红椒粉	5克
孜然粉	7.5克
卡宴辣椒粉	2.5克
牛至	2.5克
月桂叶	1.5片
洋葱丝	适量
三椒丝	适量
香菜	15克

★小贴士★

　　若很难买到木薯，可以用绿色香蕉取代，制成炸绿香蕉片。

★做法★

❶ 冷水起锅，放入牛腱肉煮3小时，煮至软烂。撕开成丝状放凉备用。

❷ 紫洋葱、甜椒、青椒切丝。

❸ 蒜末、紫洋葱丝、甜椒丝、青椒丝爆香，加入牛肉丝拌炒。

❹ 陆续加入白葡萄酒、水、鸡高汤、番茄酱、番茄糊后，倒入调味料，煮沸后转小火炖1小时。

❺ 热油锅，清炒洋葱丝、三椒丝后取出备用。

❻ 步骤4和步骤5加入香菜混合拌匀。

❼ 木薯去皮刨成薄片，热油锅炸熟。

❽ 底部铺上炸好的木薯片，放上牛肉丝即完成。

大麦酒 Barley Wine

大麦酒为一种英式浅色爱尔，一般酒精浓度在8%~12%vol，香气和强度接近红酒，但仍是由纯麦芽酿造。最早的大麦酒是英国贝斯（Bass）老酒厂对于旗下老爱尔（Old Ale）的命名，1903年时，贝斯家品牌旗下最高浓度的老爱尔命名为大麦酒；但在那个时期，大麦酒仅仅是酒款名称，啤酒本身与老爱尔并无差异。

两种类型的分野是在第一次世界大战时，英国通过《国土安全法》，啤酒开始以酒精浓度课税。在老爱尔与其他英国啤酒一样开始下调酒精浓度时，贝斯的大麦酒维持了它的高酒精，自此两者开始分野，大麦酒被用于形容酒精浓度高于老爱尔的英式淡色爱尔。

大麦酒的口感上带有浓郁的焦糖麦芽气息，辅以浓郁的干果香气。有些大麦酒可以感受到兰比克似的微酸，那是因为在木桶长时间的熟成中，桶中的天然酵母影响之故。

在美国，大麦酒一般写作"Barleywine"而非"Barley Wine"，其源自1975年美国烟酒枪炮及爆裂物管理局（ATF）的规范，由于当时美国政府担心一般消费者将Barley Wine与一般葡萄酒的Wine混淆，因此规定以"Barleywine"作为类型名称。因此，许多美国或非英国酒厂在拼法上与英国本土所习惯使用的"Barley Wine"不同。

海锚老雾角爱尔
Anchor Brewing Style Ale

泡沫量偏多且扎实、消散缓慢，酒体呈较深一些的浅琥珀色，香气为麦香以及带有焦糖味的果香。入口可以喝到麦香、焦糖香。

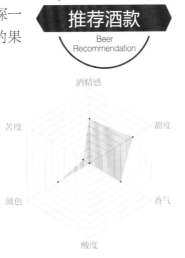

推荐酒款
Beer Recommendation

★ 酒精浓度/%		0 —— 8.2 —— 10
★ 酒厂		Anchor Brewing Company
★ 产地		美国
★ 杯型建议		英式郁金香品脱杯
		雪克杯
		不缺角杯
		圆锥品脱杯
★ 适饮温度		10~16℃
★ 发酵方式		爱尔酵母高温发酵

裸岛壹百啤酒
Nøgne Ø #100

　　泡沫量少且消散得相对快速，酒体呈较深的琥珀色，香气为麦香与焦糖香。入口为麦香以及带着相当苦味的焦糖香，最后以微微的木质香气收尾。

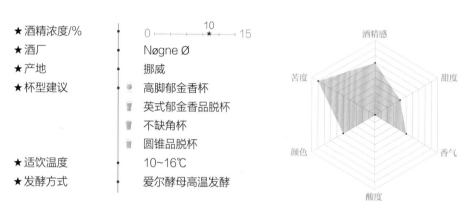

- ★ 酒精浓度/%
- ★ 酒厂 · Nøgne Ø
- ★ 产地 · 挪威
- ★ 杯型建议 · 高脚郁金香杯
  - 英式郁金香品脱杯
  - 不缺角杯
  - 圆锥品脱杯
- ★ 适饮温度 · 10~16℃
- ★ 发酵方式 · 爱尔酵母高温发酵

纳帕"至死不渝"红酒桶陈酿大麦酒
Naparbier Forever & Again

　　泡沫量少且消散相对快速，酒体呈棕色，香气为焦糖、麦芽、果香和酒精感。入口可以喝到麦芽、木质、焦糖和果香。

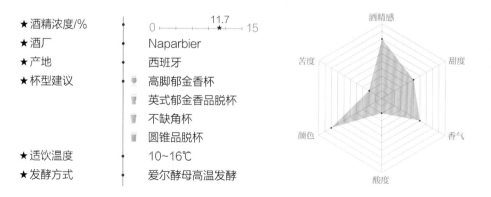

- ★ 酒精浓度/%
- ★ 酒厂 · Naparbier
- ★ 产地 · 西班牙
- ★ 杯型建议 · 高脚郁金香杯
  - 英式郁金香品脱杯
  - 不缺角杯
  - 圆锥品脱杯
- ★ 适饮温度 · 10~16℃
- ★ 发酵方式 · 爱尔酵母高温发酵

康巴大麦酒
Camba Oak-aged Barley Wine

　　泡沫消散相对快速，酒体呈淡琥珀色，香气为焦糖香、果味麦香以及一点辛辣感的酒花香。入口同样可以喝到果味麦香、一点无花果的风味，以及带有花香后味的辛香感。

★ 酒精浓度/%	0 ├─── 11.6 ★ ─── 15
★ 酒厂	Camba Bavaria
★ 产地	德国
★ 杯型建议	高脚郁金香杯
	英式郁金香品脱杯
	不缺角杯
	圆锥品脱杯
★ 适饮温度	10~16℃
★ 发酵方式	爱尔酵母高温发酵

最佳餐酒搭配

Beer Pairing
★★★★★

　　大麦酒有着浓郁焦糖麦芽香气，辅以深色系水果与干果香气，可以喝到少许饼干、烤吐司、糖蜜、太妃糖、土壤气息以及浓烈的啤酒花风味，香气和高酒精浓度都接近红酒，适合与重口味的餐食与甜点搭配。

　　像是经典蓝纹奶酪中的斯蒂尔顿奶酪（Stilton）在与大麦酒的搭配之下，能使口感更显绵密、可口，而不喜奶酪风味的食客，则可以将中式的豆腐乳涂抹于吐司之上，以达到相似的口感体验。另外，臭豆腐的特殊香气也能借由酒体缭绕于口腔之中。

　　至于中南美洲最广为人知的焦糖牛奶酱，便是以焦糖作为媒介，使含有焦糖的各种餐点皆能与大麦酒相配。像是含有焦糖、黑莓、新鲜奶酪的中南美洲传统结婚甜点。而中秋节常见的蛋黄月饼，那层叠的饼皮带有微微的甜，往内探寻便可品尝到蛋黄的咸香滋味，咀嚼之中的咸甜交错适合佐以带甜味的大麦酒。大麦酒则借果香与麦芽，平衡蛋黄、肉品可能产生的野味。以嫩煎羊排为例，若将羊排的酱汁混以水果酸香，则能让肉质更加丰厚并附着于味蕾。

　　不妨试试将美味的苹果馅饼和甜大麦酒搭配，其中的焦糖、糖霜将与大麦酒完美结合。有时候需要斟酌大麦酒可能带来的苦韵，在搭配得宜之下，苹果的清甜将在酒的衬托下一览无遗。

苹果馅饼
Apple Tart

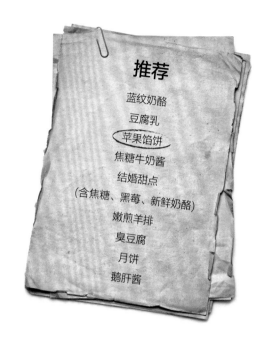

推荐

蓝纹奶酪

豆腐乳

苹果馅饼

焦糖牛奶酱

结婚甜点
(含焦糖、黑莓、新鲜奶酪)

嫩煎羊排

臭豆腐

月饼

鹅肝酱

★材料★

鸡蛋	2个
砂糖	80克
奶油	144克
低筋面粉	290克

内馅料

葡萄干	80克
砂糖	60克
奶油	20克
朗姆酒	5毫升
柠檬汁	5毫升
红酒	5毫升
肉桂粉	2克
丁香粉	1克
苹果	3颗

酥料

杏仁粉	5克
砂糖	100克
低筋面粉	25克
奶油	50克
8英寸馅饼模具	2个
奶油	少许

★做法★

❶ 低粉过筛加入砂糖，与奶油捏均匀，再加入蛋液拌压均匀，冷冻30分钟备用。

❷ 苹果去皮、去芯后切丁。

❸ 取一手把锅加入砂糖、奶油炒至焦糖，再加入苹果丁拌炒，下朗姆酒、柠檬汁、红酒、肉桂粉、丁香调味，加入葡萄干拌匀，煮至汤汁快收干。

❹ 另起一锅，奶油加热至微沸，倒入拌均匀的杏仁粉、砂糖、低筋面粉，制成酥料。

❺ 取出馅饼皮擀平比模具略大，8英寸模具抹上奶油，放入馅饼皮压平整形，铺上苹果馅料，上面撒上酥料。

❻ 烤箱预热至200℃，烤30分钟，转180度再烤10分钟即完成。

★小贴士★

捏制馅饼皮时，切记不要压出筋性。

波特 Porter

波特在18世纪早期是用Entire或Entire butt来称呼。而Porter是由英文中"搬运工"一词而来；在18世纪的伦敦，码头搬运工们特别爱喝一种颜色偏深的棕爱尔，为的是能快速补充水分与热量好继续工作。而波特也慢慢从深色棕爱尔的昵称，演变为特指深焙麦芽所酿制的深褐色爱尔啤酒。在当时，颜色最深的、酒精浓度较高的版本称为Stout Porter，也就是日后的世涛。

早期的波特会经过巨型橡木桶的陈放来增加风味，时间可长达1~2年。但也有一说指出当时的波特是由新鲜啤酒、过期啤酒和陈年啤酒混合后产生了让人着迷的烟熏香、烘焙香与酸味。

波特是历史上最先被量产并外销的啤酒风格，酒精浓度在4%~6%vol，与IPA一样最常被出口到英国的各殖民地。酒精浓度调高的波特则被外销至波罗的海和俄罗斯，后来促成波罗的海波特（Baltic Porter）和帝国世涛（Imperial Stout）的诞生。波特在"二战"后一度绝迹并完全被世涛所取代，直至20世纪70年代才得以复苏，并由Penrhos microbrewery首先开始酿造。今天的波特已不再用橡木桶陈放，口感上常见烟熏、烘焙、咖啡与巧克力香，跟今日的世涛所差无几，有时仅能勉强从酒体和泡沫颜色来分辨。

推荐酒款
Beer Recommendation

富乐伦敦之门波特啤酒
Fuller's London Porter

泡沫量多且消散相对缓慢，酒体呈深棕色，香气为咖啡、烟熏味。入口可以喝到带点酒花感的咖啡香、烟熏谷物以及焦糖后味。

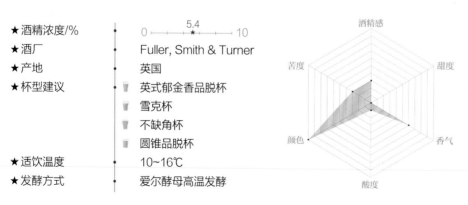

★ 酒精浓度/%　　　0 —— 5.4 —— 10

★ 酒厂　　　　　　Fuller, Smith & Turner

★ 产地　　　　　　英国

★ 杯型建议　　　　英式郁金香品脱杯

　　　　　　　　　雪克杯

　　　　　　　　　不缺角杯

　　　　　　　　　圆锥品脱杯

★ 适饮温度　　　　10~16℃

★ 发酵方式　　　　爱尔酵母高温发酵

（雷达图：酒精感、甜度、香气、酸度、颜色、苦度）

德斯修黑山波特啤酒
Deswchutes Black Butte Porter

德斯修黑山波特啤酒
Deschutes Black Butte Porter

　　泡沫偏少但消散缓慢，酒体呈红宝石棕，香气为烘焙香、巧克力香，入口同样可以感受到非常柔和的烘焙香以及带点酒花香的巧克力香，尾韵以坚果香、面包香作为收尾。

- ★ 酒精浓度/%　　　　　0 —— 5.2 —— 10
- ★ 酒厂　　　　　　　　Deschutes Brewery
- ★ 产地　　　　　　　　美国
- ★ 杯型建议　　　　　　
  - 高脚郁金香杯
  - 英式郁金香品脱杯
  - 不缺角杯
  - 圆锥品脱杯
- ★ 适饮温度　　　　　　10~16℃
- ★ 发酵方式　　　　　　爱尔酵母高温发酵

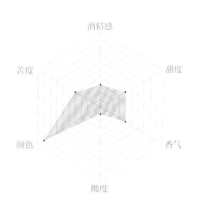

酿酒乐园"礼"波特黑啤
Brewlander Respect Porter

　　泡沫量少且消散相对缓慢，酒体呈深棕色，香气为细微的花香、巧克力香。入口可以喝到带有烟熏谷物香气的酒花香。

- ★ 酒精浓度/%　　　　　0 —— 5.8 —— 10
- ★ 酒厂　　　　　　　　Brewlander & Co. (Singapore)
- ★ 产地　　　　　　　　柬埔寨
- ★ 杯型建议　　　　　　
  - 高脚郁金香杯
  - 英式郁金香品脱杯
  - 不缺角杯
  - 圆锥品脱杯
- ★ 适饮温度　　　　　　10~16℃
- ★ 发酵方式　　　　　　爱尔酵母高温发酵

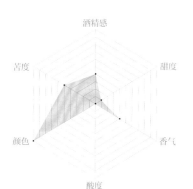

福尔摩沙流动飨宴波特啤酒
Formosa Robust Porter

泡沫量偏多且消散相对缓慢，酒体呈棕色，香气为一点麦香、巧克力香气、深红色系水果以及酒花的香。入口可以喝到带有土壤和酒花香的巧克力风味，后味会出现一点点坚果感以及土壤风味。

★ 酒精浓度/%	0 —— 7 —— 10
★ 酒厂	Formosa Brewing Co.
★ 产地	中国台湾
★ 杯型建议	高脚郁金香杯
	英式郁金香品脱杯
	不缺角杯
	圆锥品脱杯
★ 适饮温度	10~16℃
★ 发酵方式	爱尔酵母高温发酵

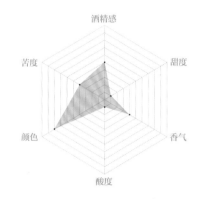

最佳餐酒搭配
Beer Pairing

波特有着浓郁烟熏、烘焙、坚果、焦糖、咖啡与巧克力香气。波罗的海波特拥有少许深色系水果与微微的烘焙香，整体来说强度由温和向上扬升。

波特的烘烤香气适合搭配不同风格的烤肉，运用啤酒中少许的烘焙香、苦韵去配酱烧猪肋排，不仅能提升肋排的香气，也能阻断油脂中带出的过多油腻感。若肉类以铁板烧形式呈现，便会在煎烤过程中因美拉德反应释放出独特香气。而海鲜也同样适合与波特相搭，生蚝、奶油和肉酱所组成的料理风格，在与波特相配时其滋味产生特别的共鸣，台式虾卷亦然。

波特最适合搭餐的两种元素为肉酱、奶油，意式方饺佐波隆那肉酱、意式白酱绞肉比萨，在与波特一起享用后，因两者搭配而产生无法比拟的好滋味。而肉酱干层面中，番茄的酸香与肉汁也因为波特的风味让整道菜看更和谐。

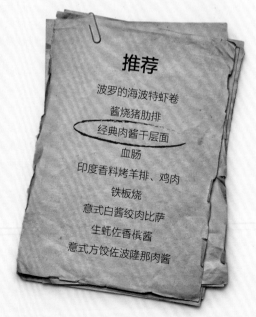

推荐

波罗的海波特虾卷
酱烧猪肋排
经典肉酱干层面
血肠
印度香料烤羊排、鸡肉
铁板烧
意式白酱绞肉比萨
生蚝佐香槟酱
意式方饺佐波隆那肉酱

经典肉酱千层面
Lasagne alla Bolognese

★ 做法 ★

❶ 锅中加入水及少许盐煮沸，下千层面煮2分钟后取出，拌橄榄油备用。

❷ 蒜去皮切碎，黑橄榄罐头切碎。红辣椒、绿辣椒切片备用。

❸ 热油锅，炒香蒜碎、黑橄榄碎、红辣椒片、绿辣椒片炒香，再加入整粒番茄罐头、鸡高汤、猪绞肉，煮沸后下盐、黑胡椒调味，完成红酱。

❹ 烤盘中先放入第一层的千层面再铺上酱，依序放上十层，最上面撒上比萨专用奶酪丝。

❺ 烤箱预热200℃后放入烤箱烤15分钟，出炉时撒上香芹碎即完成。

★ 材料 ★

千层面	10片	鸡高汤	50毫升
蒜	5克	黑胡椒	5克
黑橄榄罐头	3克	盐	2克
红辣椒	1克	比萨用奶酪丝	15克
绿辣椒	1克	橄榄油	适量
整粒番茄罐头	30克	芥花油	适量
猪绞肉	30克	干燥香芹碎	适量

世涛 Stout

世涛属于一种深黑色的爱尔啤酒，得名于Stout Porter，起初指加强型的波特，后来才慢慢地省略，仅以Stout称呼。世涛一开始只是波特的一种，促成波特与世涛此消彼长的关键在18世纪晚期，酿酒厂开始选择用淡色麦芽加深烘麦芽取代棕色麦芽以节省成本，因为淡色麦芽有着较高的发酵率，风味不足的部分则以添加物取代。

直至1817年，Daniel Wheeler发明了更深色麦芽的烘烤方法，只需要添加少量深色麦芽搭配浅色麦芽即可得到更深黑的效果，让世涛的酿造成本大大降低，酒厂们开始尝试更黑，更浓郁的世涛版本。基本的世涛带有巧克力、咖啡、黑莓、烟熏或一点酸味，而世涛的变体也相当多元、丰富。

推荐酒款
Beer Recommendation

圣奥斯特黑山黑麦世涛
St Austell Mena Dhu Stout

泡沫量丰富且消散相对快速，酒体呈黑色，香气相当丰富，有巧克力香、烘焙过的谷物香与似深红色系水果的果香、一点啤酒花香气。入口可以喝到烘焙的谷物风味与一点深红色系的水果风味，一点酸感以及巧克力和咖啡风味。

★ 酒精浓度/%　　　0 —— 4.5 —— 10
★ 酒厂　　　　　　St Austell
★ 产地　　　　　　英国
★ 杯型建议　　　　英式郁金香品脱杯
　　　　　　　　　雪克杯
　　　　　　　　　不缺角杯
　　　　　　　　　圆锥品脱杯
★ 适饮温度　　　　10~16℃
★ 发酵方式　　　　爱尔酵母高温发酵

酒精感
苦度　　　甜度
颜色　　　香气
酸度

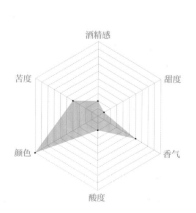

鬼佬世涛
GWEI.LO Stout

　　泡沫量相当多，消散较一般啤酒快速，酒体呈深棕色，香气为巧克力香。入口可以喝到烘焙香气以及带点酸味和坚果香气的黑巧克力风味。

- ★ 酒精浓度/%　　5.5
- ★ 酒厂　　Gweilo Beer
- ★ 产地　　中国香港
- ★ 杯型建议
  - 高脚郁金香杯
  - 英式郁金香品脱杯
  - 不缺角杯
  - 圆锥品脱杯
- ★ 适饮温度　　10~16℃
- ★ 发酵方式　　爱尔酵母高温发酵

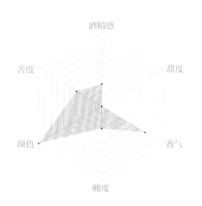

大脚怪黑杰克世涛
Lakeman Black Jack Stout

　　泡沫量偏多且消散相对缓慢，酒体呈黑色，香气为一点木质调性、烘烤过的谷香，如葡萄酒的香气一般。入口可以尝到木质味、一点葡萄酒香、烘烤过的谷物味。

- ★ 酒精浓度/%　　8.1
- ★ 酒厂　　Lakeman Brewing Co.
- ★ 产地　　新西兰
- ★ 杯型建议
  - 高脚郁金香杯
  - 英式郁金香品脱杯
  - 不缺角杯
  - 圆锥品脱杯
- ★ 适饮温度　　10~16℃
- ★ 发酵方式　　爱尔酵母高温发酵

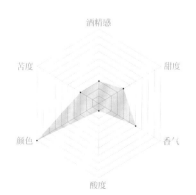

月神闭嘴快喝黑森林蛋糕世涛
Moon Dog Cake Hole

泡沫会慢慢地消散，酒体呈黑色，香气为浓郁的巧克力香。入口除了巧克力香之外也能喝到微微的酸味。

★ 酒精浓度/%	0 ——— 6.5 ——— 10
★ 酒厂	Moon Dog Craft Brewery
★ 产地	澳大利亚
★ 杯型建议	高脚郁金香杯
	英式郁金香品脱杯
	不缺角杯
	圆锥品脱杯
★ 适饮温度	10~16℃
★ 发酵方式	爱尔酵母高温发酵

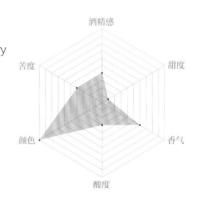

最佳餐酒搭配
Beer Pairing
★★★★★

多元风味的世涛，有着烘焙的麦芽香、黑巧克力、咖啡等显著的风格，彼此间酒精浓度也有差异。加拿大肉汁奶酪薯条佐枫糖就是借由世涛的黑巧克力与咖啡等元素来突显出更明显的甜，而枫糖也同时让啤酒中的苦度下降。

生蚝更是不能错过的与世涛的经典搭配。特殊的质地赋予它顺滑的口感，再结合世涛绵密的泡沫，一拍即合。牛排火烤过程中，炭香让牛排表面带出微微的苦，在世涛啤酒的辅助下更不觉腻口。

以肉为主的料理，若搭配上过于轻盈的啤酒，其野味自然无法被覆盖，但搭配上浓厚的世涛却可以巧妙地平衡其风味，并带出肉汁的鲜甜。

另外也推荐搭配卡门奶酪。拥有菇类、土壤与坚果风味的奶酪，用它搭配高酒精浓度的世涛，以本身酒体的苦韵洗刷留在舌尖上的油炸面衣，同时也让卡门奶酪本身的独特风味更突出，并相辅相成。

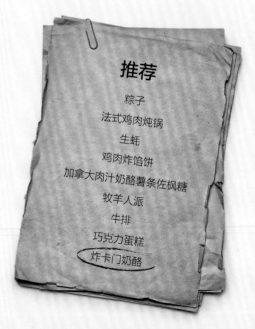

推荐

粽子
法式鸡肉炖锅
生蚝
鸡肉炸馅饼
加拿大肉汁奶酪薯条佐枫糖
牧羊人派
牛排
巧克力蛋糕
炸卡门奶酪

★材料★

卡门奶酪	200克
黑胡椒粒	适量
低筋面粉	25克
全蛋	1颗
水	40毫升
京都水菜	适量
红萝卜丝	适量
紫甘蓝丝	适量
巴萨米克醋	10毫升

★做法★

① 低筋面粉、全蛋、水，搅拌均匀成为面糊。

② 卡门奶酪切成10小块，撒上黑胡椒粒，加入面糊中拌匀。

③ 卡门奶酪放入热油锅，炸1~2分钟至金黄酥脆。

④ 京都水菜、红萝卜丝、紫甘蓝丝拌匀，当作配菜。奶酪上淋巴萨米克醋即完成。

 切记卡门奶酪一定要均匀裹到面糊。

帝国世涛 Russian Imperial Stout

帝国世涛酒精浓度在7%~12%vol，比一般世涛浓郁许多，焦香的烘焙麦芽赋予它深色水果的味道，酒体厚实，拥着浓烈复杂的巧克力与咖啡香，苦与甜和谐交融出这款独特的啤酒类型。而"Imperial"一词，也象征其受俄国沙皇青睐的尊荣地位，是其他世涛所无法比拟的。

当时的知名艺术家约瑟夫·法林顿（Joseph Farington）还曾于1796年的日记中提到："在Mr. Lindoe的推荐下，让我有机会品尝到专门为俄罗斯沙皇所酿制的来自Thrale's酿酒厂的波特啤酒。"由此可知帝国世涛在当时极为风靡，深受俄罗斯女皇凯萨琳二世的喜爱。

而在19世纪时，从事出口的啤酒厂大多不自行装瓶，而是以贩售桶装酒为主，再交由装瓶商在当地装瓶发售，1807年由Albert Le Coq设立于伦敦的阿勒考克公司（A. Le Coq & Co.）为当时最知名的装瓶商，而美国也在20世纪末的精酿啤酒的浪潮中，成为现今帝国世涛的生产大国。

推荐酒款
Beer Recommendation

北岸旧拉斯普京帝国世涛
North Coast Old Rasputin

泡沫非常多且消散得非常缓慢，酒体呈深棕色，香气为酒花香、烟熏香气以及细微的黑巧克力香气。刚入口可以喝到轻微的苦韵，接下来可以感受到烟熏谷物以及黑巧克力的风味。

★酒精浓度/%	0 ———— 9 ——— 10
★酒厂	North Coast Brewing Company
★产地	美国
★杯型建议	英式郁金香品脱杯
	雪克杯
	不缺角杯
	圆锥品脱杯
★适饮温度	10~16℃
★发酵方式	爱尔酵母高温发酵

裸岛黑色地平线第五版帝国世涛
Nøgne Ø Dark Horizon 5th Edition

黝黑的酒体及棕色的摩卡泡沫，扑鼻而来的香气包含重深焙的麦芽、巧克力、浓缩咖啡，同时还有果干、红糖及糖蜜的香气，入口后是浓郁的黑巧克力及咖啡、梅干、烘烤胡椒、皮革的味道，高温炙烧过的烤糖味也在其中。

- ★ 酒精浓度/%
- ★ 酒厂　　　　Nøgne Ø
- ★ 产地　　　　挪威
- ★ 杯型建议　　高脚郁金香杯
  - 英式郁金香品脱杯
  - 不缺角杯
  - 圆锥品脱杯
- ★ 适饮温度　　10~16℃
- ★ 发酵方式　　爱尔酵母高温发酵

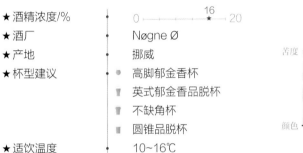
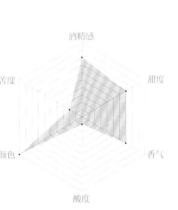

森美尔帝国炭烧黑啤王
Samuel Smith Imperial Stout

泡沫偏多、消散缓慢，酒体呈黑色。香气带一点淡淡的酒花香以及烘烤味。入口一样可以喝到带点酒花香的烘焙香气。酒体顺滑。

- ★ 酒精浓度/%
- ★ 酒厂　　　　Samuel Smith
- ★ 产地　　　　英国
- ★ 杯型建议　　高脚郁金香杯
  - 英式郁金香品脱杯
  - 不缺角杯
  - 圆锥品脱杯
- ★ 适饮温度　　10~16℃
- ★ 发酵方式　　爱尔酵母高温发酵

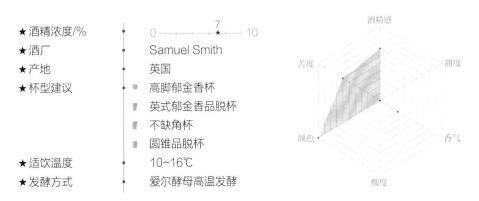

斯宾塞修道院帝国世涛
Spencer Imperial Stout

泡沫量偏多且消散相对快速，酒体呈深棕色，香气为烘焙麦香以及一点黑巧克力香。入口可以喝到烘焙麦香以及一点酒花香与黑巧克力味。

- ★ 酒精浓度/% — 8.7
- ★ 酒厂 — Spencer Brewery
- ★ 产地 — 美国
- ★ 杯型建议 —
  - 高脚郁金香杯
  - 英式郁金香品脱杯
  - 不缺角杯
  - 圆锥品脱杯
- ★ 适饮温度 — 10~16℃
- ★ 发酵方式 — 爱尔酵母高温发酵

雷达图：酒精感、甜度、香气、酸度、颜色、苦度

最佳餐酒搭配
Beer Pairing
★★★★★

帝国世涛酒精浓度在8%~12%vol，焦香的烘焙麦芽赋予它深色水果的味道，酒体厚实，拥着浓烈复杂的巧克力与咖啡香，苦与甜和谐交融成独特浓郁的啤酒类型。

在帝国世涛浓厚的风味辅助下，能制造出完美的酒餐搭配，如贝里斯巧克力炖牛肉、可可蜜汁排骨，皆是运用巧克力的香气作为帝国世涛与餐点之间的桥梁。而带有枫糖香气的食物也相当适合与帝国世涛一起享用，如枫糖焗豆与枫糖培根都是不错的选择。

甜点与帝国世涛非常相配，不论是奶酪中的奶香，或是有着浓郁奶酪香的奶酪蛋糕，皆能在与其配对后，有着仿佛热拿铁上头的奶泡般，呈现绵密的口感。拥有巧克力风味的甜点，如巧克力蛋糕，同样也能与帝国世涛搭配合宜。

不妨试试伯利兹的名菜，运用巧克力炖煮而成的伯利兹巧克力炖牛肉。酒体中的深黑巧克力与咖啡的特性，让料理与酒相得益彰。

推荐

哥伦比亚焦糖煎饼
巧克力蛋糕
麻花卷
奶酪蛋糕
伯利兹巧克力炖牛肉
肉桂面包卷
枫糖焗豆
枫糖培根

伯利兹巧克力炖牛肉
Belizean Beef Stew with Chocolate

★材料★

牛肋条	500克	牛肉高汤	125毫升
洋葱	100克	世涛啤酒	165毫升
蒜末	7克	80%黑巧克力	40克
黄椒	半颗	红萝卜	半根
红椒	半颗	水	200毫升
秋葵	25克	黑胡椒粒	7.5克
韭菜	12克	豆蔻粉	2.5克
西芹	25克	丁香粉	2.5克
番茄糊	25克	新鲜百里香	5克
盐	7.5克	秋葵	5支

★做法★

1. 牛肋条、黄椒、红椒、洋葱切块备用。
2. 橄榄油倒入锅中热油锅，蒜末、洋葱爆香，加入牛肋条并煎上色。
3. 下黄椒、红椒、秋葵、韭菜、西芹、红萝卜、番茄糊，加水和牛肉高汤，并加入调味料。
4. 加入新鲜百里香、世涛啤酒和黑巧克力后，煮沸后转小火炖煮1小时。
5. 秋葵汆烫后摆入炖牛肉中搭配即完成。

Chapter 5

美式啤酒

—— American Beer ——

因为美国曾经是英国的殖民国家，美式啤酒与英式啤酒有难以割舍的渊源，相较于欧洲大陆麦芽丰富的层次感和香气，美国麦芽显得单调不少；但美国的啤酒花却有着特有的柑橘味和松针香气，与欧洲的啤酒花相比奔放许多。将这简单的麦芽和特有的啤酒花相结合，诞生了美式淡色爱尔风格，并融合了美国自由不羁的创新精神，使得美国的精酿啤酒得以迅速发展。

看着美国的精酿啤酒风潮，很难想象因为20世纪初禁酒令和后来商业啤酒的影响，在1975年以前，美国几乎没有一间像样的酿酒厂，经过家酿的合法化以及美国酿酒协会的提倡和保护，今天美国精酿啤酒现正引领着一股新的啤酒革命，多元不守旧的酿酒师们让美式精酿兼具复古、大胆与创新，现在美国酿酒厂的总数就突破了7000家，并以每年数十家的速度成长，德式、英式、比利时式……几乎全世界的啤酒风格都可以在美国找到，并且常以当地的啤酒花或麦芽得到新的诠释和演绎。

■ 美国酿酒师协会（Brewers Association）

成立于2005年的Brewers Association，简称BA，即为美国酿酒师协会，是由当时知名酿酒师Charlie Papazian所主持的酿酒师协会与美国酿酒师协会合并而成，旨在提倡与保护美国小型独立精酿啤酒产业，目前会员多达7200家，包括准啤酒厂、供应商、经销商、零售商以及关注精酿啤酒、自酿业界的人士。

在2018年底，BA也修改原先制定的精酿啤酒商定义，无变动的部分为"精酿啤酒商年产量依然须少于六百万桶，并拥有75%以上的啤酒厂所有权"。至于变动的部分则由原先"须遵循传统、创新的酿造原料和发酵来生产"，改为"精酿啤酒商必须持有来自烟酒税贸易局（TTB）的酿酒商通知，使得精酿啤酒商不需要通过酿造啤酒这个品项来获取绝大部分的收益，并可以无所拘束地发挥，以酿造出风味绝伦的啤酒"。

为使小型独立的精酿啤酒厂不被以营销为号召的企业附属精酿啤酒厂所埋没，BA也推出Independent Craft Beer（独立精酿啤酒）的标章供消费者认证，统计超过85%的独立酒厂（约4484家）已签署并于其酒厂、啤酒餐厅、瓶身使用，更有55%的啤酒爱好者会在购买时，会优先选购有Independent Craft Beer标章的酒款以表支持。

BA现任执行长Bob Pease曾说过，剔除旧制度的"传统"，给主要从事生产蜂蜜酒、苹果酒、葡萄酒的啤酒酿酒商得以创新不受拘泥，也不排除与时俱进跟随趋势再次修订。

■ 美国酿酒师协会 (BA) 对于精酿啤酒商的定义：

小型：年产量少于六百万桶（大约占美国地区年销售额3%）。

独立：非精酿啤酒酿造业者其拥有的股份不超过25%。

有执照：持有来自烟酒税贸易局（Alcohol and Tobacco Tax and Trade Bureau）的通知。

■ 美国啤酒评审认证协会（BJCP）

源自美国的啤酒评审认证协会BJCP，英文名为Beer Judge Certification Program，借由统一的啤酒测验使得热爱啤酒的人士，不但可以学习到完善的啤酒知识，更得以在深入了解世界啤酒类型后，开启啤酒评选这扇大门。

成立于1985年的BJCP，首度评选是在美国科罗拉多州的美国家酿协会（American Homebrewers Association，AHA）年度会议上进行，初创期受限于经费，皆由AHA与另一个组织家酿葡萄酒和啤酒贸易协会（Home Wine and Beer Trade Association，HWBTA）一同赞助。同时，AHA与HWBTA原先都有属于自己的国际赛事，故也有意要提升评选制度与增加评审人数，BJCP就在这样的供需关系下诞生。当时的执行长由两个组织各推派出一位人选，Jim Homer为AHA的代表，而Pat Baker则代表HWBTA。

历经十年的时光，BJCP越趋茁壮，此时的AHA、HWBTA也渐渐失去了当初的领导与辅助地位，1995年8月就在几位成员的号召下，BJCP正式独立为非营利组织，并由志愿者合力营运协会。

BJCP的考试提供啤酒、蜂蜜酒、苹果酒等品饮测验项目，评分时采取官方发行的啤酒分类指南（BJCP Style Guidelines）作为评选准则，它汇总高达100多种啤酒类型论述、香气、风味，并且不定时更新，而啤酒认证分为三阶段：线上入门测验、啤酒品饮测验、纸笔测验。

线上入门测验包含对BJCP协会的基本认识、啤酒类型、香气风味的描述和酿酒过程原料的知识，通过线上入门测验并不代表获取BJCP的认证，而是得以参与下一阶段啤酒品饮测验。第二阶段啤酒品饮测验，可拣选全世界各地自己喜欢的指定考试地点进行。考试当天会由BJCP主办单位提供六款啤酒品项做测验叙述、评比各款啤酒的类型、特色、香气、风味，通过后即可获取啤酒评审认证资格。第三阶段为纸笔测验，为写作测验，通过后可获取更高阶的啤酒认证资格。

通过线上测验但未通过品饮考试者，为见习评审，不可称为正式评审。接着通过线上考试，与品饮考试分数六十分以上，分数每增加十分即往上增加一个层级，但同时也须借由实际参与啤酒评比累绩点数，最终品饮考试须达八十分的标准，累积四十点经验值，并达写作测验标准九十分以上者，才得以获取Master Judge大师级评审的头衔。目前协会有六分之一的评审活跃于世界各地，协助担任自酿啤酒比赛的评审，并持续推广精酿啤酒文化。

美式淡色爱尔 American Pale Ale

美式淡色爱尔起源于美国20世纪80年代，美国当地精酿小酒厂试着运用美国当地啤酒花、麦芽与酵母酿造出英式淡色爱尔。独属于美系酒花的柑橘、松针与葡萄柚风味却为成品带来了截然不同的特色，美式淡色爱尔因而诞生，也让美国当地消费者首次感受到美系酒花的魅力。

现代美式淡色爱尔也可包括运用新世界酒花（新西兰、澳大利亚）的淡色爱尔，也为美式淡色爱尔添加了更多的热带水果风味。美式淡色爱尔虽以啤酒花为主，但与美式印度淡色爱尔比起来却清爽许多。麦芽基底足以平衡酒花的冲击。酒精浓度一般来说也不会过高，为4.5%~6.2%vol，对于喜欢啤酒花却偏好清爽酒款的人来说会是蛮好的选择。

推荐酒款
Beer Recommendation

大蜥蜴美式淡色爱尔
Tuatara Tomahawk American Pale Ale

泡沫量少且消散相对缓慢，酒体呈深金色，香气为温和的热带果香。入口可以喝到带点热带果香的花香味、土壤风味，并且最后可以感受到一点酒精感，尾韵则是柑橘香气。

★ 酒精浓度/%　　　 0 —— 5.6 ★ —— 10
★ 酒厂　　　　　　 Tuatara Brewery
★ 产地　　　　　　 新西兰
★ 杯型建议　　　　 雪克杯
★ 适饮温度　　　　 7~10℃
★ 发酵方式　　　　 爱尔酵母高温发酵

德雷克1500号淡色爱尔
Drake's 1500

　　泡沫量少且消散相对缓慢，酒体呈淡金色，香气为淡淡的树脂和微微的花香、芒果的香气。入口首先可以喝到微微的花香、树脂、土壤的气息，以及热带水果香中透出无花果的风味，还有麦芽香在尾韵释放出，也能感受到微微的薄荷风味。

★ 酒精浓度/%
★ 酒厂　　　　Drake's Brewing Company
★ 产地　　　　美国
★ 杯型建议　　雪克杯
★ 适饮温度　　7~10℃
★ 发酵方式　　爱尔酵母高温发酵

内华达山脉淡色爱尔
Sierra Nevada Pale Ale

　　泡沫量少且消散缓慢，酒体呈深金色，香气为淡淡的酒精感、热带水果香，如芒果、菠萝。入口可以喝到微微的麦芽、酒精感，尾韵有一点面包、柑橘皮，如柳橙、葡萄柚的风味。

★ 酒精浓度/%
★ 酒厂　　　　Sierra Nevada Brewing Co.
★ 产地　　　　美国
★ 杯型建议　　雪克杯
★ 适饮温度　　7~10℃
★ 发酵方式　　爱尔酵母高温发酵

北岸加州美女淡色爱尔
North Coast Acme California Pale Ale

泡沫消散快速，酒体呈深金色，香气为葡萄干香气以及麦香。入口可以喝到麦香以及深色水果、焦糖的香气。

- ★ 酒精浓度/% — 0 —— 5 —— 10
- ★ 酒厂 — North Coast Brewing Company
- ★ 产地 — 新西兰
- ★ 杯型建议 — 雪克杯
- ★ 适饮温度 — 7~10℃
- ★ 发酵方式 — 爱尔酵母高温发酵

最佳餐酒搭配
Beer Pairing

美式淡色爱尔各种风味不会过于彰显的特性，使这种啤酒在酒餐搭配上适宜搭配风味略显柔和的料理。市场上常见的美式淡色爱尔酒款中，不会感受到过度的啤酒花风味，而麦芽风味却显得恰到好处地清晰。当然也有酒花偏多的美式淡色爱尔酒款，但它同时也少不了清爽的麦芽香作辅助。两款皆感受得到偏多的气泡感与酒体利落的特性。

美式淡色爱尔具有去油解腻的功效，相当适合搭配油炸食物与口感均衡的料理，如鸡块、美式早餐等不会过咸，也不会过淡的料理。其他如热狗、比萨等速食，风味不至浓烈却依然能兼附少许油感的餐点。另外日常随手可得的台式早餐，如萝卜糕、烧饼油条和饭团，也是与美式淡色爱尔很好搭配的品项。

比萨也是与美式淡爱尔很搭的一道料理。因为不同佐料的搭配，得以呈现多元的风味，啤酒花让比萨草本与辛香料的气息得到提升，麦芽则与面团般配，整体搭配轻盈、爽口。

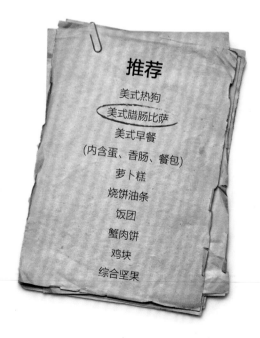

推荐

美式热狗

美式腊肠比萨

美式早餐
（内含蛋、香肠、餐包）

萝卜糕

烧饼油条

饭团

蟹肉饼

鸡块

综合坚果

美式腊肠比萨

Pepperoni Pizza

164

比萨饼皮

中筋面粉	300克
糖	5克
盐	5克
酵母粉	4克
温水	160毫升
橄榄油	30毫升

底酱

牛番茄	500克
洋葱末	80克
蒜末	20克
橄榄油	适量
盐	适量
糖	15克
干罗勒	20克
牛至	10克

配料

黑橄榄片	适量
市售西班牙腊肠	6片
马苏里拉奶酪	30克
比萨用奶酪丝	200克

比萨饼皮

❶ 准备大钢盆，放入面粉、盐、糖混合。

❷ 40℃的温水中加入酵母粉，溶解后备用。

❸ 面粉中心挖洞，分次将水倒入面粉中搅拌，直到揉捏均匀。

❹ 面团中加入橄榄油，将油揉进面团里。反复揉直到面团不粘手、有弹性。

❺ 另取一钢盆，涂上薄薄一层油。揉好的面团收成球状放入钢盆，面团上盖一条湿毛巾，静置30分钟左右，待面团发酵到快2倍大，用手指按压面团不会弹回即可。

❻ 面团揉成长条状。分150克一份，每一小面团滚成球状，盖上湿毛巾再静置15~20分钟。

美式腊肠比萨

❶ 牛番茄去皮切丁，洋葱切丁备用。

❷ 锅中加入橄榄油热油锅，放入洋葱、蒜头炒香，加入番茄丁，待水分炒出后，加入罗勒、牛至、糖调味，转小火煮至酱汁浓稠后再放入盐调味，将番茄底酱倒出备用。

❸ 桌上撒上一些手粉，将分好的面团擀至比萨模大小，放入模中，用叉子在面皮上戳洞。

❹ 均匀地在面皮上涂番茄底酱，撒上奶酪丝，铺西班牙腊肠、黑橄榄片，马苏里拉奶酪。

❺ 烤箱预热至200℃，放入比萨，烤8~10分钟即完成。

美式琥珀爱尔 American Amber Ale

美式琥珀爱尔（American Amber Ale），简称为AAA、红色爱尔，是由美式淡色爱尔演变而来的啤酒类型。美式琥珀爱尔啤酒在遍布全美之前，流行于热爱啤酒花风味的加利福尼亚州北部和西北太平洋地区，酒精浓度在4.5%~6.5%vol。

酒体颜色源自酿酒时添加的焦糖和水晶麦芽，麦芽经过烘烤后，呈现出浅棕或者琥珀色泽。口感上带有明显的蜂蜜、焦糖、麦香和清甜，酒花以典型的美系啤酒花或新世界酒花品种为主，但由于美式琥珀爱尔要表达的是麦芽与啤酒花的平衡，苦度仅用来平衡过剩的甜味，因此香气不会太显著。而其麦芽和啤酒花相辅相成的特性，使得美式琥珀爱尔啤酒得以以任何的方式做变化，有些版本富有相当浓郁的麦芽味，有些则呈现出霸道的酒花香气。

推荐酒款
Beer Recommendation

剑齿松鼠琥珀啤酒
Smog Sabre Toothed Squirrel

泡沫量非常多且消散缓慢，酒体呈淡琥珀色泽。香气为花香、麦芽、焦糖的香气。入口首先可以喝到花香、柑橘的风味，如橘子皮，也有麦芽、焦糖的风味。

★ 酒精浓度/%
★ 酒厂　　　　　Smog City Brewing
★ 产地　　　　　美国
★ 杯型建议　　　雪克杯
★ 适饮温度　　　10~13℃
★ 发酵方式　　　爱尔酵母高温发酵

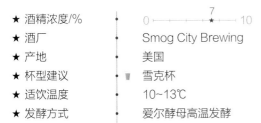

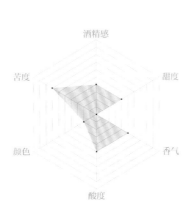

科罗拉多琥珀知己
Coronado Mermaid's Red

　　泡沫量偏多且消散缓慢，酒体呈柔和的琥珀色，香气为酯香、一点麦香与柑橘调性。入口首先可以品尝到麦芽风味，接着带有土壤风味的酯香在后味显现，并带有微微的柑橘风味。

★ 酒精浓度/% .... 0 —— 5.7 —— 10
★ 酒厂 .... Coronado Brewing Company
★ 产地 .... 美国
★ 杯型建议 .... 雪克杯
★ 适饮温度 .... 10~13℃
★ 发酵方式 .... 爱尔酵母高温发酵

北岸海豹爱尔
North Coast Ruedrich's Red Seal Ale

　　泡沫量偏多且消散缓慢，酒体呈淡琥珀色，香气为细微的阴湿感、细微的酒精感及麦香。入口可以喝到麦香以及微微的酒花香，另外也可以喝到酒精感还有深红色系水果的后味。

★ 酒精浓度/% .... 0 —— 5.5 —— 10
★ 酒厂 .... North Coast Brewing Company
★ 产地 .... 美国
★ 杯型建议 .... 雪克杯
★ 适饮温度 .... 10~13℃
★ 发酵方式 .... 爱尔酵母高温发酵

安德森山谷琥珀爱尔
Anderson Valley Amber Ale

泡沫量少且消散得相当快速，酒体呈深琥珀色，香气为麦香以及焦糖香气。入口可以喝到麦香以及带点酒花、吐司后味的焦糖感。

- ★ 酒精浓度/%　　　0　　5.8　　10
- ★ 酒厂　　　　　　Anderson Valley Brewing Company
- ★ 产地　　　　　　美国
- ★ 杯型建议　　　　雪克杯
- ★ 适饮温度　　　　10~13℃
- ★ 发酵方式　　　　爱尔酵母高温发酵

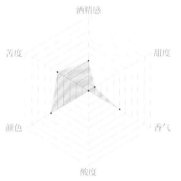

最佳餐酒搭配
Beer Pairing
★★★★★

美式琥珀啤酒风味以麦芽为主、啤酒花为辅，可尝到如蜂蜜、焦糖、草本、果香、松针等风味，苦度也可以用来平衡过剩的甜味，此啤酒类型本身常被以重口味来定调，如浓郁焦糖、略为明显的烘焙、深红色系水果、烤吐司感，综合以上所述，适合与猪肉、鸡肉料理搭配。

美系啤酒花适合与带有热带水果与松针调性的酸甜番茄汁底酱搭配，像是墨西哥炸鸡佐莎莎酱，不仅能去油腻，也提升了鸡肉的鲜甜口感。而炖烤过的猪、牛料理也因有上述的强烈风味与美式琥珀相匹配，啤酒中的焦糖在与蘑菇奶酪相互作用下平衡了味道。

日式料理中也不乏各式绝搭的餐点，如大家熟悉的日式炒面。日式炒面烹煮过程会产生美拉德反应，为料理增添焦糖香味，相当适合搭配美式琥珀的麦芽香气，肉类、蔬菜与海鲜也在其中找到平衡。

推荐

墨西哥铁板烧
椰香海鲜咖喱
香烤牛肉串
墨西哥炸鸡佐绿莎莎酱
白豆炖猪肉
墨西哥玉米片
蘑菇奶酪牛肉汉堡
新奥尔良香辣饭
日式炒面

日式炒面
Japanese Pan-Fried Noodles

★材料★

油面	120克
洋葱	1/8颗
红萝卜	10克
热狗	1根
甘蓝	2片
小扇贝	3颗
鱼板	3片
市售炒面酱	50毫升
海苔粉	适量
红姜碎	5克

★做法★

① 洋葱切丝；红萝卜切丝；甘蓝切块。

② 小扇贝对半切；热狗切片；鱼板切丝。

③ 热油锅，下洋葱、红萝卜拌炒，下小热狗、鱼板丝、甘蓝炒熟。

④ 加入油面，将调好的酱汁倒进去快速拌炒即可起锅。

⑤ 装盘后，撒上海苔粉与红姜碎即完成。

蒸汽啤酒/加州一般啤酒
Steam/California Commom

　　蒸汽啤酒发源于美国西部淘金时期的旧金山，由于当地啤酒供不应求，想抢商机的酿酒师们决定在淘金前线直接酿造。碍于当地缺乏冷藏措施，酒厂随机应变，运用可以耐较高温度的拉格酵母，并使用开放式酿酒槽冷却麦汁，而这个酒款也是因为麦汁冷却时所释放出滔滔不绝的蒸汽而得其名。

　　美国海锚（Anchor）酒厂在1970年之后开始重新酿造蒸汽啤酒，并取得酒类名称版权，从此之后，只有海锚所酿的蒸汽啤酒可称为蒸汽啤酒（Steam Beer），其他酒厂所酿造出的同类型啤酒则归类于加州一般啤酒（California Common）。

　　加州一般啤酒/蒸汽啤酒，入口有稍许麦香麦甜，偏焦糖、烤面包等风味。酒花方面的表现一般来说较为保守；有些许的木质、薄荷、松针味，尾韵会有残留的苦味。

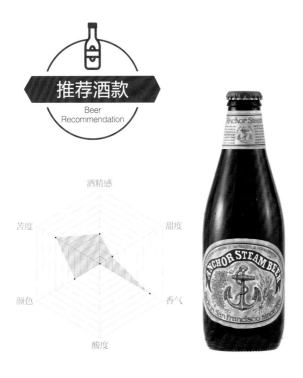

推荐酒款
Beer Recommendation

▌海锚蒸汽啤酒
Anchor Steam

　　泡沫消散得相对缓慢，酒体呈淡琥珀色，香气为焦糖香以及麦香。入口可以喝到带点酒精感的焦糖麦香。

★ 酒精浓度/%	0 —★— 10　6.8
★ 酒厂	Modern Times Beer
★ 产地	美国
★ 杯型建议	雪克杯
★ 适饮温度	10~13℃
★ 发酵方式	拉格酵母高温发酵

蒸汽啤酒复杂且单纯，是一款令人玩味的酒款，风味上不乏典型啤酒所富有的麦芽香气，并带有薄荷、面包和少许水果香。在苦度的表现上偏低，而酒精浓度感受较为和缓，更带出多元酒餐变换的可能性。

列举与蒸汽啤酒的水果、焦糖风味相搭的料理，鲑鱼成了最佳选择，不论是生食、熟食或以烟熏方式呈现皆然。而啤酒中的麦芽味能融入各式面包，故以细致绵密的牛油果搭上烤吐司时，牛油果即带出啤酒中的果香与焦糖香气。另外古巴三明治、墨西哥奶酪煎饼、墨西哥卷饼若夹入鲜虾、鲑鱼搭配后，也能明显提升蒸汽啤酒与食材的滋味。

除了海鲜之外，其和肉品也颇为合拍，蒸汽啤酒滤掉多余的香辛料，凸显猪肉的鲜嫩，表皮微微的焦脆与酒中的焦糖香气也十分般配，啤酒花则对应小茴香与卡宴辣椒粉两种香料独到的风味。肉品夹面包也能达到提升两种滋味的效果，如阿根廷辣烤香肠堡皆能在搭配蒸汽啤酒后，美味度倍增。

推荐

摩尔风猪肉串

阿根廷辣烤香肠堡

烟熏鲑鱼

鲑鱼卡莎蒂亚

牛油果酱吐司

椰奶面包虾

墨西哥卷饼

熏鲑鱼三明治

越南式法国面包

★材料★

梅花猪肉块	200克
孜然粉	少许
甜红椒粉	少许
辣红椒粉	少许
芥花油	少许
雪莉酒	3毫升
盐	适量
黑胡椒粒	适量

★做法★

❶ 梅花猪肉清洗干净，稍微以纸巾压干水分，加入孜然粉、甜红椒粉、辣红椒粉、盐、黑胡椒粒拌匀，再加入芥花油、雪莉酒静置5分钟，确保每块肉均匀黏附香辛料。

❷ 以竹串或铁串将猪肉串起。

❸ 烤箱预热200℃，烤20~25分钟，随时注意烤箱温度是否平均，中途上下及前后对调翻面，烤至中心熟透即完成。

摩尔风猪肉串
Moorish Pork Skewers

小麦爱尔 Wheat Ale

　　源自德式小麦啤酒的小麦爱尔，为第一个使用纯净酵母与较多酒花元素的啤酒类型，美国威德默（Widmer）酒厂更在20世纪80年代中期大力推广，小麦爱尔啤酒因此受到了瞩目。随着地域的转变，世界各地小麦啤酒的酿酒风格、酵母菌种皆有所变化。

　　举例来说，小麦爱尔与德式的酵母小麦啤酒相似，皆以添加相当比例的小麦麦芽制成，使酒体变得浑浊不透明，但没有明显的香蕉与丁香气息，仅能尝到微微的果香。那是因为小麦爱尔摒除了特殊的酵母菌，改用中性的美国酵母酿制，而美系酒花不仅替小麦爱尔带出微微的酒花香气，其苦韵更是画龙点睛，为小麦爱尔增添层次感。整体来说，小麦爱尔啤酒属于清爽易饮的美式啤酒类型之一，也适合作为入门的美式精酿酒款。

推荐酒款

Beer Recommendation

北岸蓝星小麦啤酒
North Coast Blue Star

　　泡沫量偏多且消散相对缓慢，酒体呈淡金色，香气为果香以及非常细微的酒花香。入口可以喝到一点点水果香气，有点近似水蜜桃的香味，最后可以感受到麦香尾韵。

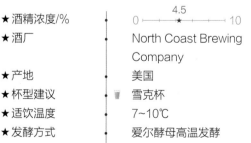

★ 酒精浓度/%　　　　0 — 4.5 ★ — 10

★ 酒厂　　　　　　　North Coast Brewing Company

★ 产地　　　　　　　美国

★ 杯型建议　　　　　雪克杯

★ 适饮温度　　　　　7~10℃

★ 发酵方式　　　　　爱尔酵母高温发酵

红鲑鱼天才小钓手小麦啤酒
Sockeye Woolybugger Wheat Ale

　　泡沫量偏多，消散得相对快速，酒体呈深金色。香气为带点轻柔蜂蜜香的热带果香，另外也可以闻到酒精味。入口可以喝到轻盈的麦香、香料味以及一点梅子的香气。此外，也可以感受到像是白葡萄酒香气的些许酒精感，若仔细一点则可以喝到较不明显的柑橘皮风味以及一点果香。

★ 酒精浓度/%
★ 酒厂　　　　Sockeye Brewing
★ 产地　　　　美国
★ 杯型建议　　雪克杯
★ 适饮温度　　7~10℃
★ 发酵方式　　爱尔酵母高温发酵

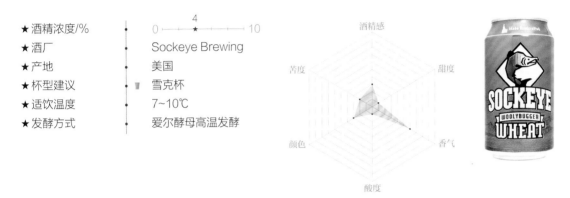

啤酒头夏至小麦爱尔
Taiwan Head Summer Solstice American Taiwan Wheat

　　泡沫量极少也消散得非常快速，酒体呈淡金色，香气为热带果香、菠萝香以及一点柑橘香气。入口可以喝到土壤风味及一点柑橘风味。

★ 酒精浓度/%
★ 酒厂　　　　Taiwan Head Brewers
　　　　　　　Brewing Co.
★ 产地　　　　中国台湾
★ 杯型建议　　雪克杯
★ 适饮温度　　7~10℃
★ 发酵方式　　爱尔酵母高温发酵

拉古尼塔斯小东西小麦啤酒
Lagunitas A Little Sumpin' Sumpin' Ale

泡沫量非常庞大且消散相对快速，酒体呈深金色，香气为热带水果和微微的花香。入口可以喝到热带水果和一点酒精感。

★ 酒精浓度/%
★ 酒厂　　　　Lagunitas Brewing Company
★ 产地　　　　美国
★ 杯型建议　　雪克杯
★ 适饮温度　　7~10℃
★ 发酵方式　　爱尔酵母高温发酵

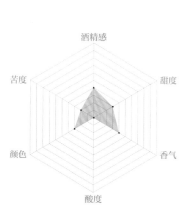

最佳餐酒搭配
Beer Pairing

小麦爱尔属清爽易饮的美式啤酒，以微微果香呈现主韵，有着柑橘、香辛料、花果香、谷物类的调性。相较其他小麦啤酒来说，啤酒花风味略显出众。小麦爱尔口感柔和并且能明显感受到啤酒花调性，适合搭配墨西哥与东南亚料理一起享用，原因是此类料理多采用番茄、酸味、清炖汤头等元素入菜。

鸡蛋在众食材之中，也构成辅助小麦爱尔的酒餐搭配要件，质地温和的蛋黄适合搭配中等强度的酒款，譬如欧姆蛋与煎蛋。以墨西哥式煎蛋早餐为例，内含蛋、辣番茄酱、豆类和玉米饼，小麦爱尔中的热带果香与番茄汁相搭、小麦与玉米饼相合、豆类食材佐啤酒食用更是滋味横生。

另外，沙拉与小麦爱尔搭配也很丰富多元，从黄瓜沙拉到菠菜温沙拉皆是。在风味上相搭的范畴，不仅仅是沙拉本身，也与其内容物奶酪有着绝对的关系。试试希腊费塔奶酪沙拉与小麦爱尔一起品饮，不仅拉长了坚果的烘烤香气，使奶酪绵延成乳香，鲜蔬则更为爽口清脆。

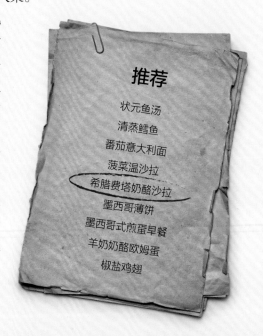

推荐

状元鱼汤
清蒸鳕鱼
番茄意大利面
菠菜温沙拉
希腊费塔奶酪沙拉
墨西哥薄饼
墨西哥式煎蛋早餐
羊奶奶酪欧姆蛋
椒盐鸡翅

希腊费塔奶酪沙拉
Greek Salad with Feta and Olives

★ 材料 ★

综合生菜	150克
综合坚果	5克
小番茄	3颗
黑橄榄	适量
南瓜片	12片
费塔奶酪	2克
帕玛森奶酪	2克
油醋酱	20毫升
干燥香芹碎	适量
芥花油	适量

★ 做法 ★

1. 烤箱预热200℃，南瓜片撒上少许盐、黑胡椒，淋芥花油，放入烤箱烤10分钟，取出备用。

2. 将生菜放入容器加入油醋酱拌均匀。

3. 撒上综合坚果、南瓜片、黑橄榄、小番茄、费塔奶酪、帕玛森奶酪、干燥香芹碎即完成。

美式IPA American IPA

　　美式IPA为美式印度淡色爱尔的简称，以浅色麦芽为基底，再混以少量不同烘焙程度的麦芽酿制，美式IPA的酒精浓度为5%~8%vol，酒体也多以金黄色或微红色呈现。

　　美式IPA也是世界上最苦的啤酒之一。香气中带有饱满柑橘、热带水果、松针、葡萄柚等浓烈香气，苦度高的美系啤酒花也让起源于英国的IPA变得彻底狂野。美式IPA风味层次丰富，且采用新鲜啤酒花酿制，除了通常会在煮沸麦汁时加入比一般啤酒更多的啤酒花外，也使用干投酒花（Dry Hopping）的技术，使得啤酒花的香气能明显被带出来，但投入啤酒花的时间为3~7天，需掌握得宜，时间长则容易有酒花梗的涩感，时间过短则无法完整融入啤酒中，相较于英系酒花的典雅风味，美系啤酒花的香气显得奔放许多。

　　自20世纪80年代开始的精酿啤酒运动，使得小型酿酒厂得以大显身手，酿制出独特风味的啤酒，而美式IPA也应运而生。目前全球70%以上被美系啤酒花所占据，而经典的"4C"酒花卡斯卡特（Cascade）、世纪（Centennial）、奇努克（Chinook）、哥伦布（Columbus）与亚麻黄（Amarillo）等几乎垄断了IPA市场，然而富创意的美国酿酒师绝不会如此简单罢手，因此许多IPA的衍生酒款也就此诞生。

推荐酒款
Beer Recommendation

酿酒狗朋克IPA
BrewDog Punk IPA

　　泡沫量少且消散相对快速，酒体呈淡金色，香气为热带果香、芒果、菠萝罐头和丁香风味。入口可以喝到酯香、松针、热带水果、柑橘风味，尾韵有土壤、青草的气息。

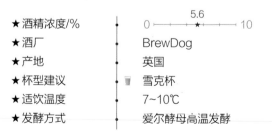

★酒精浓度/%	0　　5.6　　10
★酒厂	BrewDog
★产地	英国
★杯型建议	雪克杯
★适饮温度	7~10℃
★发酵方式	爱尔酵母高温发酵

德雷克香气迷死人IPA
Drake's Aroma Coma

　　泡沫量少且消散快速，酒体呈深金色，香气为花果香。入口可以喝到花果香，一点麦芽风味、酒精感在尾韵，柑橘皮的风味也相当显著。

★ 酒精浓度/%
★ 酒厂
★ 产地
★ 杯型建议
★ 适饮温度
★ 发酵方式

0 ——— 8 ——— 10
Drakes Brewing Company
美国
雪克杯
7~10℃
爱尔酵母高温发酵

岬角杜父鱼IPA
Ballast Point Sculpin IPA

　　泡沫量偏多，消散缓慢，酒体呈深金色，香气为热带水果香、柑橘香和一点酯味。入口可以喝到柑橘香、酯香，最后以带有橘子香气的土壤风味收尾。

★ 酒精浓度/%
★ 酒厂
★ 产地
★ 杯型建议
★ 适饮温度
★ 发酵方式

0 ——— 7 ——— 10
Ballast Point Brewing Company
美国
雪克杯
7~10℃
爱尔酵母高温发酵

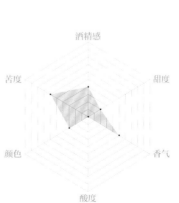

巨石IPA
Stone IPA

　　泡沫量非常多，但消散得相对缓慢，酒体呈深金色，香气为热带水果香与一点酯香。入口可以喝到热带水果香气，接下来是酯香，尾韵则是土壤和柑橘的苦韵。

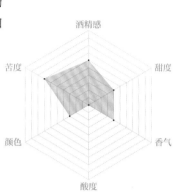

★ 酒精浓度/%　　　　0 —— 6.9 —— 10
★ 酒厂　　　　　　　Stone Brewing
★ 产地　　　　　　　美国
★ 杯型建议　　　　　雪克杯
★ 适饮温度　　　　　7~10℃
★ 发酵方式　　　　　爱尔酵母高温发酵

最佳餐酒搭配

Beer Pairing

★★★★★

　　酒花香气成了舞台上的主角，耀眼的锋芒蕴藏各种不同啤酒花香气，如柑橘、热带水果和松针调性，苦度与酒精浓度可浓烈可温和，作为餐酒搭配的品项再适合不过了。

　　综观全世界诸多料理，绽放着热带风情的美式IPA，自然与热带水果中诸如芒果、木瓜、菠萝等结合的料理融合交错，有着无法比拟的风味。以墨西哥料理为例，墨西哥烤肉塔可饼使用腌制过的菠萝，运用菠萝的酸甜、塔可饼的原味和浓郁的酱汁与美式IPA制造出美味连接。番茄也以同样的原理，使美式汉堡成为美式IPA绝佳的佐餐伙伴，东南亚料理和富有水果和草本气息的料理皆是。

　　另外，红萝卜蛋糕也是经典中的经典，许多美式IPA中的柑橘香正衬着红萝卜蛋糕的醇厚奶油，并与酒体中的酒精浓度、气泡感形成完美的搭配。最搭配的料理，就属新奥尔良炸鸡翅，油炸过后的鸡翅肉质软嫩，酱料中的辣、酸也在麦芽的辅助下达到平衡，啤酒花则能与酱料中蕴含的蔬菜香气相搭，味蕾也随着被气泡感洗刷过后，渐渐清晰。

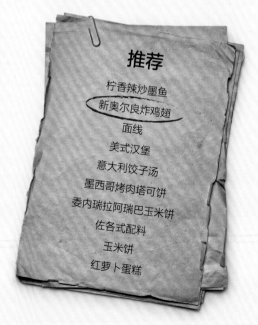

推荐

柠香辣炒墨鱼
新奥尔良炸鸡翅
面线
美式汉堡
意大利饺子汤
墨西哥烤肉塔可饼
委内瑞拉阿瑞巴玉米饼
佐各式配料
玉米饼
红萝卜蛋糕

新奥尔良炸鸡翅
New Orleans Chicken Wings

180

 ★材料★

鸡翅	8只
盐	适量
香蒜粉	适量
黑胡椒粒	0.5克
红牛角辣椒酱	10克
甜红椒粉	0.5克

辣鸡翅酱

奶油	150克
辣味红椒粉	3.3克
黑胡椒粒	1.7克
红牛角辣椒酱	200毫升
酱油	15毫升
塔巴斯哥辣酱	40毫升

 ★做法★

❶ 鸡翅撒上香蒜粉、红牛角辣椒酱、甜红椒粉、黑胡椒粗粒和盐，均匀抹上，最少腌制3小时。

❷ 热油锅，温度加热到180℃，把腌制好的鸡翅放下去油炸，并计时约4分钟，炸至表面金黄。

❸ 奶油融化成液态，加入辣鸡翅酱的其他材料，用打蛋器将材料搅拌均匀，即可搭配鸡翅品尝。

 ★小贴士★

依据鸡翅大小不同，油炸时间也会有所不同，可用筷子刺入确认是否熟透。

双倍IPA Double IPA

　　双倍IPA从字面上来看，不难理解为IPA的2.0版本，起初"双倍"不过是指代香气和苦度皆在一般IPA之上，其特色为加重了原始的酒花风味、酒精浓度多在8%~10%vol并且苦度介于65~90 IBU，整体来说酒体为澄净的蜂蜜琥珀色泽、口感干爽利落，不仅满足了酒花爱好者对浓烈啤酒花风味的追求，也渐渐成为精酿啤酒市场主流的酒款。

　　而双倍IPA缘起于1994年的美国加利福尼亚州，俄罗斯河酿酒厂（Russian River Brewing Company）老板兼酿酒师的Vinnie Cilurzo，在加利福尼亚州的特曼库拉市研发酿造出双倍IPA，之后许多酒厂也争相表示其酒款才是双倍IPA的始祖，但就风味评比上皆不能与Russian River Pliny the Elder相比。

　　在2011年，已有多达百款的双倍IPA于美国境内被酿制，时至今日，更是扩及至欧洲各地区，接着更延伸出帝国IPA此等更极致的浓郁厚实款IPA，而现今市场上也不乏标为三倍IPA的酒款，就风味、香气、酒体等多方面做多元变化，一般来说以酒精浓度9%vol以上的双倍及三倍IPA作为区分准则。

推荐酒款
Beer Recommendation

▌巨石废墟IPA
Stone Ruination DIPA

　　泡沫量偏多且消散非常缓慢，酒体呈深金色，初闻时散发一点酯香，接着而来的是满溢的柑橘与热带果香。刚入口时，松针香气迎面而来，一直到尾韵藏匿着麦香的柑橘风味显现，最后再以一丁点的土壤风味收尾。

★ 酒精浓度/%　　　　0 —————— 8.5 ————— 10
★ 酒厂　　　　　　　Stone Brewing
★ 产地　　　　　　　美国
★ 杯型建议　　　　　雪克杯
★ 适饮温度　　　　　10~13℃
★ 发酵方式　　　　　爱尔酵母高温发酵

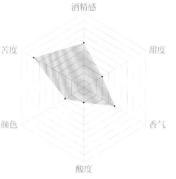

酒精感　甜度　香气　酸度　颜色　苦度

内华达山脉酒花鱼雷IPA
Sierra Nevada Torpedo Extra IPA

　　泡沫量非常多且消散相对快速，酒体呈淡琥珀色，香气为一点酯香、松针风味。入口喝到一点酯香、松针，尾韵有一点柑橘、麦芽的风味。

★ 酒精浓度/%　　　　　0 —— 7.2 —— 10
★ 酒厂　　　　　　　　Sierra Nevada Brewing Co.
★ 产地　　　　　　　　美国
★ 杯型建议　　　　　　雪克杯
★ 适饮温度　　　　　　10~13℃
★ 发酵方式　　　　　　爱尔酵母高温发酵

德斯修西岸士官长帝国IPA
Deschutes Hop Henge Imperial IPA

　　泡沫量少且消散缓慢，酒体呈深金色，香气为热带果香，如芒果、水蜜桃。入口可以喝到近似热带水果风味，芒果、水蜜桃和少许酯香在尾韵出现，也有一点土味、柑橘风味。

★ 酒精浓度/%　　　　　0 —— 8.3 —— 10
★ 酒厂　　　　　　　　Deschutes Brewery
★ 产地　　　　　　　　美国
★ 杯型建议　　　　　　雪克杯
★ 适饮温度　　　　　　7~10℃
★ 发酵方式　　　　　　爱尔酵母高温发酵

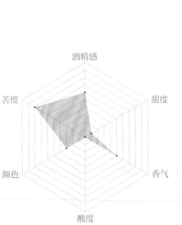

岬角蝠鲼IPA
Ballast Point Manta Ray IPA

泡沫量偏多且消散缓慢，酒体呈深金色，香气为松针香、柑橘香与一点潮湿气味。入口主要感受到明显的松针味，后味则有柑橘带一点草本香以及些微香辛料和土壤风味。

★ 酒精浓度/%	8.5
★ 酒厂	Ballast Point Brewing Company
★ 产地	美国
★ 杯型建议	雪克杯
★ 适饮温度	7~10℃
★ 发酵方式	爱尔酵母高温发酵

最佳餐酒搭配

Beer Pairing

★★★★★

双倍IPA与IPA相似，风味上感受得到明显的松针调性、柑橘和热带水果香，却有着强烈的麦芽与啤酒花风味，苦度也增强了不少，但苦度在浓郁麦芽的表现下得以平衡。

提及IPA，自是与美式汉堡相搭，双倍IPA强烈的风味则可与蓝纹奶酪汉堡互相匹配，带浑厚绿霉菌发酵气息的蓝纹奶酪与牛肉汉堡结合，透过双倍IPA的加乘，在品尝每一口时呈现清新的口感，酱料也能均衡结合不同元素的风味。

双倍IPA能搭配带有野味的料理，能消弭肉品中不讨喜的风味，如五香羊排、羊肉火锅可能带有的羊膻味。由此可知，浓烈的料理不但不与双倍IPA产生冲突，更有机会谱出好的餐酒搭配，如麻、辣、鲜、香混搭出的麻辣锅，以各式香辛料快炒的四川风味料理，摒除火锅既有的汤体表现，浓郁酱汁与佐料包覆食材透出原始的滋味。

甜点类的红萝卜蛋糕也可以为啤酒注入更多元的滋味，也是值得一试的餐点选择。

推荐

红萝卜蛋糕

蓝纹奶酪牛肉汉堡

加勒比海香料炒墨鱼

香烤猪肉串

牙买加杰克烤鸡

香料烤羊排

羊肉炉

麻辣锅

台式三杯料理

蓝纹奶酪牛肉汉堡
Blue Cheese Burger

 ★材料★

蓝纹奶酪酱

蓝纹奶酪	50克
酸奶	30克
鲜奶油	26克
蒜末	5克
洋葱末	5克
黑胡椒粒	适量

汉堡排

猪绞肉	45克
牛绞肉	300克
洋葱末	165克
面包粉	25克
蛋黄	1颗
橄榄油	5克
盐	适量
黑胡椒粉	适量
黑胡椒粒	适量

配料

汉堡	4个
美生菜	8片
洋葱圈	6圈
牛番茄	4片
蛋黄酱	适量

★做法★

蓝纹奶酪酱

❶ 将蒜末、洋葱末爆香。

❷ 加入蓝纹奶酪、酸奶、鲜奶油加热至奶酪融化后调味。

❸ 奶酪酱续煮2~3分钟待稠化，放凉即完成。

汉堡排

❶ 热油锅，下洋葱末，以小火炒10分钟，炒至褐黄色后盛出放凉。

❷ 绞肉和所有材料混合均匀，并将肉馅用力摔拌，把空气排出。

❸ 将肉馅分成100克的汉堡排，按压平整至1~1.5厘米厚。

❹ 热锅，放入汉堡排煎1分钟后转小火再煎1分钟，翻面后再煎1~2分钟。

❺ 汉堡切半后抹上奶油并煎至金黄，进预热220℃烤箱烤熟、烤酥。

❻ 汉堡抹上蛋黄酱，放上美生菜、洋葱圈、牛番茄、汉堡排，淋上蓝纹奶酪酱即完成。

 ★小贴士★

肉馅摔打是为了让质地更紧密、扎实。

此配方为4人份。

南瓜爱尔 Pumpkin Ale

南瓜爱尔啤酒的酿造历史可以追溯至美国建国之前，当时来到美洲的欧洲大陆移民早有把南瓜加入发酵原料中一起酿制的传统，也让南瓜爱尔成为全美相当知名的啤酒类型之一。

一直到了20世纪80年代水牛比尔（Buffalo Bill's）酿酒厂，为了应当世代的流行，将南瓜及南瓜香料添加至各式饮品的潮流，才正式推出首款南瓜爱尔啤酒。南瓜爱尔啤酒混合了南瓜果肉、麦芽和其他谷物一同酿制，为麦汁提供可供发酵的糖分；同时，也会在成品当中添加天然或人工香料来提升风味，如肉桂、豆蔻都是常见的香料。

今日的美国精酿酒厂也喜好复刻，推出多款不同基底的南瓜爱尔，包括淡色爱尔、小麦啤酒、波特和世涛等。酒款则多采用季节限定的形式，最常在秋季与万圣节前夕酿造，其包装和命名也常用蝙蝠、猫头鹰或无头骑士等万圣节主题元素来设计。

推荐酒款
Beer Recommendation

红点手工南瓜爱尔
Redpoint Pumpkin Ale

泡沫量少且消散相对缓慢，酒体呈柔和的琥珀色，香气为南瓜派、肉豆蔻、南瓜和一点麦芽香，还有些微的奶油麦香。入口可以尝到肉豆蔻、南瓜和一点麦芽、土壤气息以及奶油汽水的风味。

★ 酒精浓度/% · 0 —★— 10   5.5
★ 酒厂 · Redpoint Brewing Company
★ 产地 · 中国台湾
★ 杯型建议 · 雪克杯
★ 适饮温度 · 10~13℃
★ 发酵方式 · 爱尔酵母高温发酵

酒精感
甜度
香气
酸度
颜色
苦度

黄樱南瓜啤酒
Kizakura Co. Pumpkin

　　泡沫量少且消散相对缓慢，酒体呈淡金色，首先可以闻到一点果香，接着带出南瓜奶油的香气，以及少许撒有香料的南瓜派风味。入口喝到一点南瓜风味的麦芽香，接着由浅渐趋浓郁的烤南瓜风味，以及少许酒精感也在入喉后释出。

★ 酒精浓度/%　　　　　0　5　10
★ 酒厂　　　　　　　　Kizakura Co.
★ 产地　　　　　　　　日本
★ 杯型建议　　　　　　雪克杯
★ 适饮温度　　　　　　10~13℃
★ 发酵方式　　　　　　爱尔酵母高温发酵

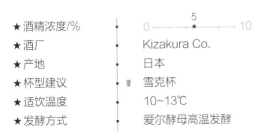

最佳餐酒搭配
Beer Pairing
★★★★★

　　用直觉猜想便可得知南瓜爱尔风味与南瓜派相似度极高，肉桂、丁香、肉豆蔻等香气明显，苦度与酒精浓度仿如可自由调整甜度一般，由三分一直到半糖的温和口感。

　　酒餐搭配时，可挑选柑橘、牛油、奶油、奶酪、焦糖、烤坚果、可可和香菇等食材，皆与南瓜滋味相合；面包香气、鲜鱼、牛肉和鹿肉也是契合的食材。以北美传统的感恩节晚餐为例，不可或缺的烤火鸡与南瓜派体现以基础元素作餐酒搭配的范例，而牛肉风味表现则推出牛肉串、坚果牛排沙拉，坚果与南瓜朴实的口感相呼应。

　　醇厚的奶油与奶酪不论是在汤品或菜品上，都与南瓜爱尔啤酒相搭，但在挑选上建议使用风味平实的奶酪，避免使用蓝纹奶酪这类口味浓烈的品项，如腊肠与奶酪相结合的西班牙奶酪饼，便是不抢过南瓜爱尔啤酒风头的搭餐好选择。推荐希腊慕沙卡焗烤茄子当作南瓜爱尔的酒餐搭配的菜色。可以是素食，也能添加羊肉、牛肉来点缀，活用自如。南瓜爱尔可以拆解料理中的油香、奶酪、肉、茄子，让每一口都能吃到多元风味，奶酪更转变为绵延的乳香。

推荐

坚果牛排沙拉

烤牛肉串

希腊慕沙卡焗烤茄子

姜汁饼干

黑豆浓汤

南瓜酱意大利面

感恩节烤火鸡

墨西哥式腊肠奶酪酱

希腊慕沙卡焗烤茄子

Greek Eggplant Moussaka

★材料★

圆茄子	3颗
奶酪丝	30克
香芹	适量
奶酪粉	适量

肉酱食材

猪绞肉	300克
洋葱碎	40克
蒜碎	4克
盐	5克
糖	15克
甜红椒粉	1.3克
辣味红椒粉	1.3克
红酒	100毫升
黑胡椒粒	5克
白葡萄酒醋	1.3克
番茄糊	20克
整粒番茄罐头	150克
水	20毫升
橄榄油	适量

★做法★

❶ 首先制作肉酱，把蒜头、洋葱切碎，将猪绞肉持续摔打，让猪绞肉变得更有弹性。

❷ 下肉酱的调味料及红酒与猪绞肉混合均匀。

❸ 热锅后加入冷油，接着下肉末并炒熟，倒入白葡萄酒醋再拌炒一下，加入水、番茄糊与番茄罐头，稍微炖煮至收一半汁液，完成肉酱。

❹ 圆茄子洗净、斜切0.5厘米，起一油锅加热油温至180℃，放入茄子油炸，计时1分钟后捞起，静置3分钟后用吸油纸吸干。

❺ 烤皿底部铺上番茄肉酱，再铺上一层茄子、再铺上一层肉酱，直到最上方再铺上最后的番茄肉酱，均匀撒上奶酪丝。

❻ 烤箱预热至180℃，烤皿放入烤箱计时20~25分钟，烤至上色。

❼ 最后撒上奶酪粉、香芹碎即完成。

Chapter 6

比利时啤酒

—— Belgian Beer ——

2016年，比利时啤酒文化正式被收录于世界非物质文化遗产名录。联合国教科文组织（UNESCO）表示，酿造与品尝啤酒是比利时各个地区的一项重要传统，不论在节庆或是日常生活中都扮演着重要角色，包括修道院，比利时境内更有多达近1500种运用不同发酵方式酿造的啤酒，其中精酿啤酒尤其流行。

品尝比利时啤酒，就像是走入啤酒世界最缤纷的乐章，从极端的酸到极端的甜，从酒精浓度3%~4%vol的水果啤酒到动辄10%vol以上的修道院啤酒，每每能让人惊艳。比利时国土面积虽然不大，却有超过150间酒厂，生产的啤酒超过60%外销到世界各地，根据比利时酿酒协会的说法，在比利时有超过400种不同的啤酒风格。确实，如果以其他国家来说，特别是以德国人的观点来看，没有几款比利时啤酒会属于同一个类型，比利时酿酒历史悠久，历史上又曾遭受邻近各个国家统治、侵占数十次，多元文化的碰撞造成了比利时啤酒今日多姿多彩的情况。

■ 修道院啤酒盛行

Trappist一词出自17世纪开始运营的法国诺曼底La Trappe修道院，为严规熙笃隐修会（Order of Cistercians of the Strict Observance，简称OCSO）的发源地，强调严格实行罗马帝国时代由圣本笃（Saint Benedict）所留下的"73条圣本笃会规"，荷兰的柯尼修芬（Koningshoeven）修道院便是以La Trappe来命名自家啤酒。

■ 会规 48 条

"For then are they monks in truth, if they live by the work of their hands."

该会规强调劳动的重要性，并且每天劳动时间不得低于5小时。因此，部分修道院开始以"制造"来作为每日的劳动，这当然包含了今日我们所知的啤酒酿造。Trappist Beer（特拉普斯特啤酒）遂成为修道院啤酒的同义词。然而，早期此名称未受到保护规范，许多商业酒厂也使用Trappist标榜旗下品牌啤酒。为了终止"Trappist"被滥用的情形，Trappist协会成立于1997年12月9日，总部位于比利时靠近荷兰边境的小城——博霍尔特（Bocholt），全名为International Trappist Association，简称ITA。创办成员有七家酿有啤酒修道院：奥威（Orval）、智美（Chimay）、西佛莱特伦（Westvleteren）、罗斯福（Rochefort）、西麦尔（Westmalle）、阿诗（Achel）、柯尼修芬（Koningshoeven），以及一家目前未生产啤酒的Mariawald。到2019年为止，其他新增的修道院啤酒品牌包含Stift Engelszell、Spencer、Zundert、Tre Fontane、Tynt Meadow、Cardeña。

▌ 成立 Trappist 协会的目的

1. 协会保护Trappist这个商标来保障修道院的经济来源。
2. 协会会谨慎监督订单的往来，来保障消费者的权益。
3. 协会希望每个Trappist中的修道院能一起工作，思考工作的意义，未来如有朝向新的方向时能互相协商帮助。
4. 透过协会，借由网络在国际上与其他非Trappist修道院合作。

今天已经有20家修道院受到ITA认证，其生产啤酒、奶酪、面包等一些生活中所需要的产品。20家修道院当中生产啤酒的有11家，而这11家也就是在精酿啤酒世界常说的"正统修道院酒厂"，酒标上带有六角形"Authentic Trappist Product"标章。

▌ 符合该标章的修道院酒厂须符合以下要求

1. 产品必须在修道院的围墙内或是修道院附近制造。
2. 生产方式与规范由修道院方制订。
3. 所得须用作修道士生活费、修道院开支，剩余的钱须捐助慈善机构与帮助有需要的人。
4. 经营方式必须符合修道院生活。

比利时黄金啤酒 Belgian Blonde

几个世纪以来，比利时酿酒师承袭传统，对于日新月异的现代化酿酒工序持保留态度，培育出一种独特的酿酒文化。比利时黄金啤酒正是最好的例证，其发展历程与比利时三倍啤酒、金黄强爱尔相似，18世纪初，正当拉格啤酒全面席卷欧洲大部分地区时，为了迎合欧洲皮尔森啤酒的爱好者，比利时酿酒师绝处逢生，以比利时啤酒酵母搭配皮尔森麦芽，开创出一种新型的啤酒类型。

不同于其他比利时啤酒，比利时黄金啤酒大多拥有黄金稻草色泽，口感清爽易饮，酒精浓度偏低（6%~7.5%vol），并带有淡淡的啤酒花苦韵和香气，以及少许麦芽的清甜。同时，具有细微来自比利时酵母的水果风味，尾韵稍涩口。整体来说，如拉格啤酒一般干净利落，比利时黄金啤酒早期称为"Extra"，或者以"Enkel"相称（Enkel为荷兰文Single之义）；在比利时南部的法语区则称它为"Blonde"，而北部荷语区则称"Blond"，相当适合作为初入精酿啤酒世界的品饮酒款。近期出现的比利时淡色爱尔啤酒也衍生自"Blonde"，蔚为风潮，其特色在于啤酒花风味较比利时黄金啤酒更为显著。

推荐酒款
Beer Recommendation

圣富勒黄金啤酒
St-Feuillien Blonde

泡沫量偏多，消散较一般啤酒缓慢，酒体呈深金色，香气为果香以及比利时啤酒特有的酵母香气。入口可以喝到轻盈的麦香、温和的苦味以及果香。

★ 酒精浓度/%　　　0 —— 7.5 —— 10
★ 酒厂　　　　　　Brasserie St-Feuillien
★ 产地　　　　　　比利时
★ 杯型建议　　　　高脚郁金香杯
　　　　　　　　　圣杯
★ 适饮温度　　　　10~13℃
★ 发酵方式　　　　爱尔酵母高温发酵

艾菲根修道院黄金啤酒
Affligem Blonde

　　泡沫量多且消散相对快速，酒体呈淡金色，香气为清新的麦香与果香，入口同样能喝得到麦香、果香以及些许的谷物风味。

★ 酒精浓度/%　　　　　0 —— 6.8 —— 10
★ 酒厂　　　　　　　　Affligem Brouwerij
★ 产地　　　　　　　　比利时
★ 杯型建议　　　　　　高脚郁金香杯
　　　　　　　　　　　圣杯
★ 适饮温度　　　　　　10~13℃
★ 发酵方式　　　　　　爱尔酵母高温发酵

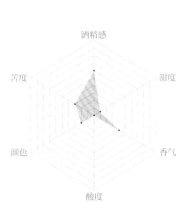

城堡黄金啤酒
Kasteel Blonde

　　泡沫量偏多且消散相对缓慢，酒体呈深金色，香气为果香、酵母香以及一点丁香及麦香，另外也可以闻得到一点花香和香蕉气味。入口可以喝到麦香、酵母香和水果风味。

★ 酒精浓度/%　　　　　0 —— 7 —— 10
★ 酒厂　　　　　　　　Br Van Honsebrouck
★ 产地　　　　　　　　比利时
★ 杯型建议　　　　　　高脚郁金香杯
　　　　　　　　　　　圣杯
★ 适饮温度　　　　　　10~13℃
★ 发酵方式　　　　　　爱尔酵母高温发酵

乐飞金啤酒
Leffe Blonde

泡沫量多，消散得相对快速，酒体呈淡金色，香气为带有一点丁香感的酵母香、辛辣感以及微微的麦香。入口可以喝到辛辣风味、丁香以及一点果香，另外可以喝到一点谷物风味。

★ 酒精浓度/%	0 —— 6.6 ★ —— 10
★ 酒厂	Abbaye de Leffe
★ 产地	比利时
★ 杯型建议	高脚郁金香杯
	圣杯
★ 适饮温度	10~13℃
★ 发酵方式	爱尔酵母高温发酵

最佳餐酒搭配
Beer Pairing
★★★★★

比利时黄金啤酒给人丰盈清爽的口感，多半带有饼干、麦芽、少许焦糖与水果香气，并伴随着丰富的香料风味，如甘草、八角、茴香、柑橘皮与肉桂皆藏匿其中。

口感淡雅的调性不适合与刺激性强的食物搭配，而本身气泡的碳酸口感，具有去油解腻功效，使得比利时黄金啤酒适合搭配炸物。其清爽的风格也适合配各种肉类与海鲜料理。而德式香肠佐酸菜这道料理就是一个很好的呈现；少许脂肪让香肠的层次更为丰富，与酸度高的德国酸菜一起食用时，让料理与啤酒风味提升，达到彼此加乘的作用。

有些品项富含焦糖调性再结合炭烤风味后更是绝妙，比利时黄金啤酒能显现烤状元鱼的原味，也能释放出烤鸡的香辛料与草本气息，而一切都要归功于比利时黄金啤酒柔和顺口的特性。

和西班牙腊肠炒淡菜作餐酒搭配时，属于极简优雅的组合。酒中的麦芽使白葡萄酒香气绵延，腊肠让料理不因配对强烈的比利时黄金啤酒而失焦，淡菜也在腊肠的推波助澜下，回荡在唇齿之间。

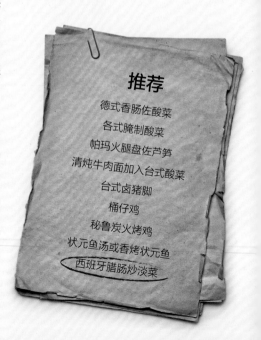

推荐

德式香肠佐酸菜
各式腌制酸菜
帕玛火腿盘佐芦笋
清炖牛肉面加入台式酸菜
台式卤猪脚
桶仔鸡
秘鲁炭火烤鸡
状元鱼汤或香烤状元鱼
西班牙腊肠炒淡菜

西班牙腊肠炒淡菜
Mussels with Chorizo and Wine

 ★材料★

芥花油	15毫升
蒜碎	10克
西班牙香肠片	30~40克
淡菜	8颗
白葡萄酒	20毫升
鸡高汤	50毫升
干燥香芹碎	适量

★做法★

❶ 锅中倒入芥花油，加入蒜碎及西班牙香肠片爆香。

❷ 加入淡菜拌炒一下，加入白葡萄酒去腥。

❸ 加入鸡高汤，煮沸后盖上锅盖焖煮。

❹ 差不多收汁完成后，将淡菜取出摆盘，淋上收过的汤汁，并撒上干燥香芹碎即完成。

比利时双倍啤酒 Belgian Dubbel

Dubbel（比利时双倍啤酒）也称作Brune或Bruin，Brune和Bruin分别是法文和荷兰文棕色的意思，一般可以将比利时双倍啤酒理解为比利时棕爱尔。比利时双倍啤酒的酒精浓度多在6%~8%vol，酒体中等。风味上，除了烘烤坚果香外，多了一股适中的焦糖麦甜以及葡萄干、李子和枣子等干果香。而由于使用特殊品种的酵母，比利时双倍啤酒也常被形容带有香菜和黑胡椒的香气。

最早的比利时双倍啤酒诞生于1856年，西麦尔（Westmalle）修道院将他们的一种褐色新酒款取名为Dubbel（比利时双倍啤酒），为的是与更早在1836年所酿，酒质和颜色都较轻的一款啤酒作区分。由于麦汁用量增为原有酒款的两倍而得名。时至今日，比利时双倍啤酒已经成为比利时浓度较低的黑啤酒的代名词。

推荐酒款
Beer Recommendation

■ **裸岛双重祝福**
Nøgne Ø Twin Otter

泡沫量偏多，消散得相对缓慢，酒体呈现深琥珀色，香气为藏有一点接近葡萄干的深红色系水果的浓郁麦香。入口可以喝到带有深红色系水果的麦香以及一点甜味。

★ 酒精浓度/%
★ 酒厂　　　　Nøgne Ø
★ 产地　　　　挪威
★ 杯型建议　　高脚郁金香杯
　　　　　　　圣杯
★ 适饮温度　　10~13℃
★ 发酵方式　　爱尔酵母高温发酵

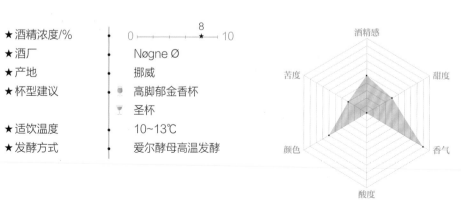

马里斯8号修道院啤酒
Maredsous 8

　　泡沫量偏多，消散得相对快速，酒体呈深琥珀色，香气为麦香、微微的葡萄干香气以及一点酒精感。入口可以喝到麦香、葡萄干香以及酒精感。

★ 酒精浓度/%
★ 酒厂　　　　Bieres de Chimay
★ 产地　　　　比利时
★ 杯型建议　　　高脚郁金香杯
　　　　　　　　圣杯
★ 适饮温度　　10~13℃
★ 发酵方式　　爱尔酵母高温发酵

西麦尔修道院啤酒
Westmalle Trappist Dubbel

　　泡沫量多且消散缓慢，酒体呈琥珀棕，香气为一点麦香并带有深红色系水果、葡萄干、糖蜜以及可可的香气。入口同样可以喝到麦香、深红色系水果、葡萄干以及焦糖的风味。

★ 酒精浓度/%
★ 酒厂　　　　Brouwerij der Trappisten van Westmalle
★ 产地　　　　比利时
★ 杯型建议　　　高脚郁金香杯
　　　　　　　　圣杯
★ 适饮温度　　10~13℃
★ 发酵方式　　爱尔酵母高温发酵

智美红帽啤酒
Chimay Red

泡沫量多且消散缓慢，酒体呈深琥珀色，香气为深红色水果、葡萄干和麦芽香。入口可以喝到葡萄干、微微的樱桃和一点酵母、焦糖和麦芽的风味。

- ★ 酒精浓度/%   0 ———— 7 ———— 10
- ★ 酒厂   Bieres de Chimay
- ★ 产地   比利时
- ★ 杯型建议   🍺 高脚郁金香杯
                    🍷 圣杯
- ★ 适饮温度   10~13℃
- ★ 发酵方式   爱尔酵母高温发酵

最佳餐酒搭配
Beer Pairing
★★★★★

比利时双倍啤酒展现丰富与多层次的风味，如焦糖、太妃糖、朗姆酒、巧克力、坚果、葡萄干和李子，同时也可尝到苹果、香蕉等综合水果香气。整体来说，苦度与酒精浓度处于中间值，扬升的气泡感也相当适合搭配略油腻的食物。

以鹅肝酱与东坡肉为例，不论是主体食材或酱汁，在与比利时双倍啤酒搭配时，皆可凸显啤酒的多样风味与鹅肝酱焦糖化的鲜甜与肉质的原味。而啤酒中焦糖与深红色系的果香与酱烧滋味不谋而合，如BBQ烤猪肋排和糖醋排骨皆是完美的搭配。蒜炒雪莉酒菇也是搭配比利时双倍啤酒的好选择。蘑菇适合与朗姆酒、坚果、深红色系水果相搭，借此构建起和比利时双倍啤酒共同的风味因子，酒可以让酱汁绵延、放大其风味，酒精感更让料理回荡在口腔之中。

最后还能以甜点收尾作搭配。提拉米苏的奶酪与奶香不至于过度浓郁，而巧克力恰如其分地点缀层叠，让多重层次平衡了整个味蕾。

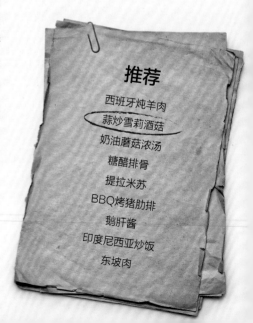

推荐
西班牙炖羊肉
蒜炒雪莉酒菇
奶油蘑菇浓汤
糖醋排骨
提拉米苏
BBQ烤猪肋排
鹅肝酱
印度尼西亚炒饭
东坡肉

蒜炒雪莉酒菇
Sautéed Mushrooms with Sherry

★材料★

材料	用量
蘑菇	200克
奶油	适量
蒜头	2颗
辣椒片	2.5克
雪莉酒	40毫升
鸡汤	150毫升
香芹	少许
橄榄油	适量

★做法★

① 蒜头去皮切碎备用。蘑菇整颗擦干净备用。

② 热锅加入橄榄油，下蘑菇，转中小火拌炒，炒至稍微上色后加入奶油炒香，再下蒜末，炒至金黄色后，再加入辣椒片炒香。

③ 从锅边加入雪莉酒，转大火，稍微煮一下，待酒精完全挥发，才不会有过重的酒味。

④ 加入鸡高汤及剩余的调味料，转大火收汁，才能使调味高汤完全附着在蘑菇上，盛盘后撒上香芹即完成。

★小贴士★

炒蘑菇和香辛料时避免火过大，以小火慢炒才能避免烧焦造成苦涩，奶油和香辛料也才不易炒焦。

加入雪莉酒时锅一定要够热，才能带出雪莉酒的香气。

比利时三倍啤酒 Belgian Tripel

比利时三倍啤酒的口感复杂多变，常混合多种的麦芽和香料，酒精浓度多在8%~11%vol，酒体浑厚。由于味觉复杂但不至于过重、过甜，常被认为是最理想的佐餐酒之一。"Tripel"原本是荷兰、比利时用来代表高酒精浓度爱尔啤酒的词，并未特指颜色，直到20世纪初，许多深色的爱尔啤酒也使用Tripel的名称贩售。

近代比利时三倍啤酒的出现则要回溯至西麦尔修道院啤酒，1956年西麦尔将旗下金黄色的高浓度爱尔Superbier更名为Tripel。而后在1987年，另一间修道院品牌La Trappe也将自家旗下一款类似口感的酒款定名为Tripel，自此Tripel开始广被使用，定义为高酒精浓度的比利时浅色爱尔啤酒。世界各地的酒厂也开始以Westmalle Tripel为范本，开始酿造属于自己的三倍啤酒。

推荐酒款
Beer Recommendation

■ 卡麦利特修道院三倍啤酒
Tripel Karmeliet

泡沫量极多但消散得相对快速，酒体呈深金色，香气为果味麦香。入口可以喝到水果风味、花香以及一点麦香。

★ 酒精浓度/%	0 ——★—— 10 8.4
★ 酒厂	Brouwerij Bosteels
★ 产地	比利时
★ 杯型建议	🍷 高脚郁金香杯
	🍷 圣杯
★ 适饮温度	7~10℃
★ 发酵方式	爱尔酵母高温发酵

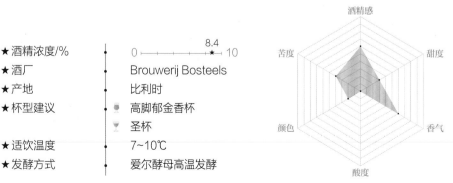

金卡露三倍啤酒
Gouden Carolus Tripel

　　泡沫量庞大且消散相对缓慢，酒体呈淡金色，香气为一点麦芽、果香如水梨、微微的酵母、酒精感。入口可以喝到水果的风味，如水梨、一点酵母、花香和酒精感以及些微的酵母、麦芽风味。

★ 酒精浓度/%
★ 酒厂
★ 产地
★ 杯型建议

★ 适饮温度
★ 发酵方式

9
Brouwerij Het Anker
比利时
高脚郁金香杯
圣杯
7~10 ℃
爱尔酵母高温发酵

西麦尔三倍啤酒
Westmalle Tripel

　　扑鼻而来的是非常细致的啤酒花味道，强烈的苦味又围绕着果香，架构出这款酒的特殊体验，入喉后回味相当持久。

★ 酒精浓度/%
★ 酒厂
★ 产地
★ 杯型建议

★ 适饮温度
★ 发酵方式

9.5
Brouwerij der Trappisten van Westmalle
比利时
高脚郁金香杯
圣杯
7~10℃
爱尔酵母高温发酵

疯狂泼妇
Dulle Teve

啤酒泡沫绵密，酒体厚实，具有强劲的苦味。又引领着果香与蜂蜜的气息，香气层次变化丰富，深受消费者喜爱。

★ 酒精浓度/% ┃ 0 ├────→ ★ 10　10
★ 酒厂 ┃ Brouwerij De Dolle Brouwers
★ 产地 ┃ 比利时
★ 杯型建议 ┃ 🍷 高脚郁金香杯
┃ 🍸 圣杯
★ 适饮温度 ┃ 7~10 ℃
★ 发酵方式 ┃ 爱尔酵母高温发酵

酒精感・甜度・香气・酸度・颜色・苦度

最佳餐酒搭配
Beer Pairing
★★★★★

比利时三倍啤酒拥有烘烤的饼干香、糖果的甜、土壤与胡椒香气，草本调性能带动料理中同质性的香料，本身浓郁的果香使柑橘、热带水果调性的食材释放出合宜的风味。与生俱来的高浓度有着不逾矩的锋芒，恰到好处地与强烈元素的食材互相加乘，以达到风味上的和谐。

类属十字花科植物的甘蓝有着硫化物气息，与啤酒里的硫黄调性相似，而饼干风味则适合与面包、奶酪元素结合，如以花菜入菜烹调的香烤花菜或奶酪西蓝花。奶油白酱焗烤花菜与比利时三倍啤酒相搭时，蕴含的乳香会释放出浓郁的奶酪风味，苦度低的特性也能带出花菜的清甜，同时焦糖、麦芽也能提升整体滋味。

比利时三倍啤酒的果香风味与水果调制的酱料不谋而合，富含脂肪的鱼、肉拌炒的糖醋料理，其适度的酸味平衡了食材中的油腻；同理，与常作为前菜出场的综合火腿拼盘相搭，也是另一种很好的选择。

遑论特色多么明显的菜肴，像是烟熏蔬菜炖豆锅、法式卡酥来砂锅，甚至是感恩节全餐，比利时三倍啤酒皆能与之相搭。料理中富饶的风味，皆在啤酒饮下后得到洗涤，还食客一个干净的味蕾，并留有淡淡的豆香作为收尾。

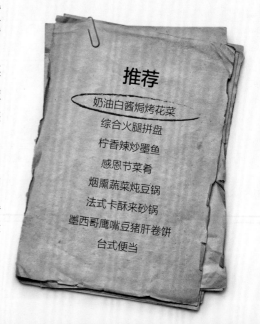

推荐

奶油白酱焗烤花菜

综合火腿拼盘

柠香辣炒墨鱼

感恩节菜肴

烟熏蔬菜炖豆锅

法式卡酥来砂锅

墨西哥鹰嘴豆猪肝卷饼

台式便当

奶油白酱焗烤花菜

Broccoli and Cheese Casserole

★材料★

西蓝花	150克
盐	2克
黑胡椒	3克
橄榄油	5克
低筋面粉	5克
奶油	5克
豆蔻粉	1克
牛奶	100克
鲜奶油	100克
奶酪丝	13克
干燥香芹碎	少许

★做法★

❶ 取一平底锅，融化奶油再加入面粉炒至熟化。

❷ 加入鲜奶油、牛奶、黑胡椒、盐、豆蔻粉搅拌均匀完成白酱。

❸ 煮一锅热水，加盐，放入西蓝花烫煮1~2分钟后取出，拌入橄榄油、盐、黑胡椒，再放入烤皿。

❹ 白酱淋上西蓝花，放上奶酪丝，烤箱温度预热上下火200℃，烤15分钟后出炉，撒上香芹碎即完成。

Quadrupel一词在20世纪90年代才开始被使用，最早由荷兰正统修道院La Trappe率先应用在其新酒款之上，形容麦汁和酒精浓度比三倍啤酒更高的比利时深色爱尔，在此之前，酒精浓度8%vol以上的比利时黑啤酒多用Belgian Strong Dark Ale（比利时强黑爱尔）称之。现今的四倍啤酒酒精浓度必须在9%~14%vol，有些酒厂则使用Abt（修道院院长）来命名旗下最烈酒款。

比利时四倍啤酒颜色深红、口感复杂，许多世界级啤酒都属于这个新兴分类，其中包含了Rochefort 10、Westvleteren12和St. Benardus 12。风味上可分解出干果、黑枣、雪莉酒、坚果、巧克力、焦糖、香蕉、无花果、茶叶、皮革、丁香、香菜等复杂又浑然天成的组合。

推荐酒款
Beer Recommendation

圣伯纳12号修道院四倍啤酒
St. Bernardus Abt 12

泡沫量多且消散快，酒体为棕色，香气为麦芽、焦糖，以及一点酵母和果香，入口感受到轻盈的麦香和带有葡萄干香气的焦糖风味。

★酒精浓度/%	10
★酒厂	Brouwerij St. Bernardus
★产地	比利时
★杯型建议	高脚郁金香杯
	圣杯
★适饮温度	10~13℃
★发酵方式	爱尔酵母高温发酵

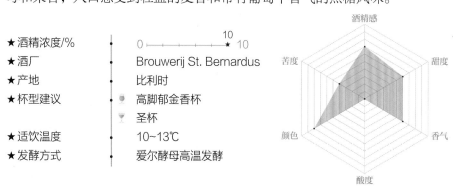

塔伯特修道院四倍啤酒
La Trappe Quadrupel

　　散发着强烈的麦芽香气，微酸、微甜、微苦，彼此平衡却各有特色，余韵带有麦芽的甘甜味。

★ 酒精浓度/%
★ 酒厂　Bierbrouwerij De Koningshoeven
★ 产地　荷兰
★ 杯型建议　高脚郁金香杯　圣杯
★ 适饮温度　10~13℃
★ 发酵方式　爱尔酵母高温发酵

罗斯福10号修道院啤酒
Trappistes Rochefort 10

　　泡沫量多且消散得相对快速，酒体呈琥珀棕，香气为深红色系水果以及酵母的香气。入口可以喝到梅子、葡萄干以及辛辣感。

★ 酒精浓度/%
★ 酒厂　Abbaye Notre-Dame de Saint-Remy
★ 产地　比利时
★ 杯型建议　高脚郁金香杯　圣杯
★ 适饮温度　10~13℃
★ 发酵方式　爱尔酵母高温发酵

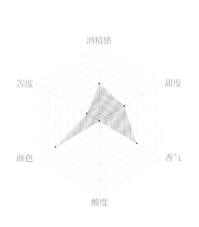

马勒12号啤酒
Malheur 12

泡沫量极多且消散得相对快速，酒体呈琥珀棕，香气为一点焦糖香和红色系水果香。入口可以喝到深红色系水果的香味、麦香以及一点焦糖香和酒精后味。

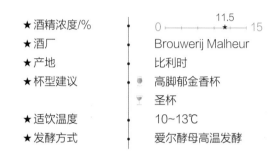

★酒精浓度/%	0 ——— 11.5 ——— 15
★酒厂	Brouwerij Malheur
★产地	比利时
★杯型建议	高脚郁金香杯
	圣杯
★适饮温度	10~13℃
★发酵方式	爱尔酵母高温发酵

最佳餐酒搭配
Beer Pairing
★★★★★

比利时四倍啤酒以浓郁的麦芽、高浓度的酒精含量、复杂交织的层次风味构成，大多数的酒款颇负盛名。除此之外，不同品牌之间也分别展现多元余韵，如深红色系的水果香味、香辛料、甘草气息或少许土壤香气，在细节上更可分解出黑枣、雪莉酒、巧克力、焦糖、无花果等复杂又浑然天成的组合。

其浓烈的风味，不仅可接纳甜点所释出的过多糖分，在口味稍重的餐点上也有很好的效果。像是各式各样的炖肉料理，如古巴炖牛肉、圭亚那炖羊肉；厚重与气味浓烈的肉料理，如土耳其香料烤羊腿、红酒炖牛膝、香烤鹿肉。因此我们可以知道口味重、使用大量综合香辛料熬煮成的浓稠汤汁与比利时四倍啤酒搭配可说是相当对味。以圭亚那炖羊肉来说，多重的香料做出的浓稠酱汁，不仅弱化了羊肉的膻味，比利时四倍啤酒中的深红色系果香与香料气息也带出酱汁的清甜，令人无法自拔。

而借由啤酒偏甜与浓烈的酒精特性，可搭配多种甜品，如焦糖牛奶酱无花果、意大利香烤苹果佐玛斯卡彭奶酪和胡桃派，全都是运用上述几项余韵来延伸，让人们能以酒餐搭配共谱出美好的飨宴。

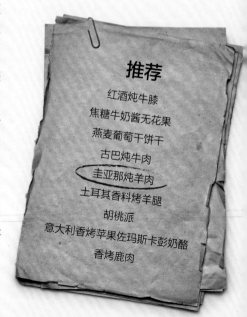

推荐

红酒炖牛膝
焦糖牛奶酱无花果
燕麦葡萄干饼干
古巴炖牛肉
圭亚那炖羊肉
土耳其香料烤羊腿
胡桃派
意大利香烤苹果佐玛斯卡彭奶酪
香烤鹿肉

圭亚那炖羊肉
Lamb Stew

★材料★

		调味料	
羊肩肉	500克	盐	7克
蒜末	12克	百里香叶	2.5克
洋葱	半颗	辣椒粉	10克
黑豆酱	210克	咖喱粉	10克
水	500毫升	二砂糖	17克
橄榄油	适量	孜然粉	2.5克
		姜黄粉	5克
		豆蔻粉	2.5克
		黑胡椒粒	2.5克
		肉桂棒	1根

★做法★

1. 羊肉切块。洋葱去皮切大丁。

2. 热油锅，加入羊肉块，上色后盛出，把多余的油沥掉。

3. 蒜末、洋葱爆香，放入羊肉、所有的调味料稍微拌炒。

4. 下黑豆酱、水，煮沸后转小火炖煮1小时即完成。

白啤酒 Witbier

清爽带果香的白啤酒是当今受欢迎程度最高的啤酒类型前几名，其历史久远，可追溯到11世纪的北欧，是最早使用啤酒花的啤酒之一。但此啤酒类型在1955年当时最后一家白啤酒厂Tamisn关厂后一度绝迹，后来是在年轻时曾在该酒厂工作过的Pierre Celis于1966年成立福佳（Hoegaarden）后才得以复苏。美国的蓝月（Blue Moon）则是另一家带传奇色彩的酒厂，它的成功也带动了白啤酒在美洲的发展与流行。

然而，Pierre Celis所复刻的白啤酒是人工添加酵母，与1955年之前的仍有不同。19世纪的资料显示，当时的白啤酒是以天然酵母发酵，颇类似今天所知的兰比克，不同的地方在于发酵熟成的时间并没有规定，不像兰比克一定要发酵熟成一年以上，因此在酸度和层次上也较兰比克来得柔和、轻盈许多。

白啤酒的酒精浓度在5%vol左右，使用30%~40%的未发芽小麦酿造，并在过程中添加香菜、橙皮和其他香料。"Wit"在原文中便是"白色"的意思；得名于其浑浊的酒体，主要是未过滤的酵母与小麦所富含的蛋白质。近年也开始出现其他风格的白啤酒，例如美国酿酒师添加更多啤酒花出现了重视苦度的White IPA、Califonia Wit和Kagua、Honnelles所出品的高浓度双倍白啤酒（Double Wit）。

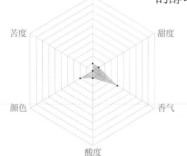

推荐酒款
Beer Recommendation

娜慕尔白啤酒
Blanche de Namur

泡沫量多且消散相对缓慢，酒体呈现淡金色，香气为橙果香、花香与药草香，入口尝到花香、草本与仿如橘子皮的柑橘清香和一点点的酵母香气。

★ 酒精浓度/%   0 —●—— 4.5 ★ —— 10
★ 酒厂   Brasserie du Bocq
★ 产地   比利时
★ 杯型建议   小麦啤酒杯
★ 适饮温度   4.5~10℃
★ 发酵方式   爱尔酵母高温发酵

雷达图标签：酒精感、甜度、香气、酸度、颜色、苦度

圣伯纳修道院白啤酒
St. Bernardus Wit

有着合宜的泡沫量并且消散相对缓慢，酒体呈现淡金色，香气为柑橘和草本味，入口可品尝到柑橘和一点草本的滋味，尾韵有点带花香的麦芽气息。

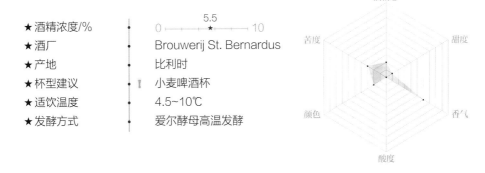

★ 酒精浓度/%   0 ——— 5.5 ——— 10
★ 酒厂   Brouwerij St. Bernardus
★ 产地   比利时
★ 杯型建议   小麦啤酒杯
★ 适饮温度   4.5~10℃
★ 发酵方式   爱尔酵母高温发酵

科胜道白啤酒
Corsendonk Blanche

泡沫消散快速，酒体呈稻色，香气同时有柑橘以及草本香气。入口可以喝到带柑橘以及草本香气的微苦感，尾韵则有一股近似香菜的草本味。

★ 酒精浓度/%   0 ——— 4.8 ——— 10
★ 酒厂   Brouwerij Corsendonk
★ 产地   比利时
★ 杯型建议   小麦啤酒杯
★ 适饮温度   4.5~10℃
★ 发酵方式   爱尔酵母高温发酵

常鹿野猫头鹰小麦柑橘白啤酒
Hitachino White Ale

泡沫量少且消散缓慢，酒体呈深金色，香气为柑橘、微微的焦糖和少许草本风味。入口有柑橘和淡淡的焦糖，以及草本的气息在尾韵，带出麦芽的风味。

★ 酒精浓度/%　　　　0 —————★————— 10　　　5.5

★ 酒厂　　　　　　　Kiuchi Brewery

★ 产地　　　　　　　日本

★ 杯型建议　　　　　小麦啤酒杯

★ 适饮温度　　　　　4.5~10℃

★ 发酵方式　　　　　爱尔酵母高温发酵

最佳餐酒搭配

Beer Pairing

★★★★★

比利时白啤酒优雅清新，是夏季选品时的不二选择，其柑橘调性自柳橙皮中透出，带有柠檬、香菜与似面粉的小麦香气，以及少许的白胡椒气息。以色列北非蛋便是香菜在结合了各式香辛料后谱出的对味佳肴，其含有的蛋元素与白啤酒十分相配。

举例来说，西班牙土豆蛋饼和"库克太太"都是与白啤酒十分合拍的料理。"库克太太"为法式火腿奶酪蛋吐司的别名，浓郁的半熟蛋黄与白啤酒交融后，瞬间柔和了味蕾。西班牙土豆蛋饼亦然，由欧姆蛋和土豆所组成，与比利时白啤酒中的柑橘、香菜元素相匹配，香菜不仅融入蛋制品之中，也为料理减轻腻口感、增添风味，与白啤酒搭配后洁净了口腔，其滋味不言而喻。

而白葡萄啤酒淡怡的调性，也适合搭配海鲜料理，如生鱼片、握寿司或是简单烹调的鱼料理。也可运用小巧思随意组合，巴西炖海鲜便是清炖鱼佐椰奶蹦出的新滋味。

最后以水果蜂蜜酸奶这一轻食小点收尾，缤纷的果香、天然糖蜜游移于舌尖，甜点随着白啤酒翩翩起舞，创造了最美好的夏天。

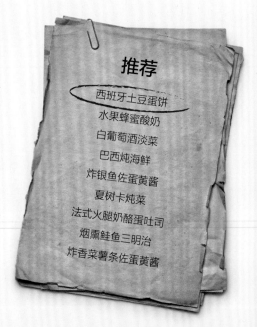

推荐

西班牙土豆蛋饼

水果蜂蜜酸奶

白葡萄酒淡菜

巴西炖海鲜

炸银鱼佐蛋黄酱

夏树卡炖菜

法式火腿奶酪蛋吐司

烟熏鲑鱼三明治

炸香菜薯条佐蛋黄酱

西班牙土豆蛋饼
Spanish Potato Omelette

 ★材料★

 ★做法★

土豆	2颗
鸡蛋	4颗
干燥牛至	适量
干燥香芹碎	少许

❶ 土豆洗净后削皮，用刨片器将土豆刨成片，或切约0.2毫米薄片。

❷ 热油锅至180℃，下土豆片油炸30秒，表面呈现微金黄色后用沥网捞起将油沥干，撒上牛至香料待凉。

❸ 鸡蛋打散成均匀蛋液，用细筛网过筛，加入放凉的马铃薯片。

❹ 热油锅，下土豆及蛋液，以中小火慢慢煎，待周围蛋液成形后以锅铲从成形外围往上铲起，让中间尚未成形的蛋液向下流。

❺ 反复2~3次，待中间蛋液五分熟外围成形后，取一圆盘倒扣蛋饼，再滑入锅中。

❻ 烤箱预热200℃，烤7~10分钟，以探针确认中心蛋液是否成形。

❼ 成形后倒出，撒上香芹碎即完成。

季节啤酒/农舍爱尔
Saison/Farmhouse Ale

季节啤酒源于比利时南部法语区Wallonia，在法文中便是"季节"的意思，因此中文多翻译为季节啤酒。季节啤酒还有另一名称为Farmhouse Ale，即为农舍爱尔，酒款的发展缘由即可在这两个词中得到解释。季节啤酒的酿造是从16世纪开始，由于夏天温度高，发酵过程不好控制，因此农人多趁天冷农闲的11月到次年3月酿制啤酒供夏天农忙时饮用，因此，季节啤酒的季节在此特指夏季。

季节啤酒是一种淡色爱尔，酒精浓度多在5%~8%vol，酒花风味明显。酿造原料包含麦芽、小麦、燕麦与香料。发酵时会加入些许乳酸菌，使得酒体带有微酸、清爽的感觉。啤酒花与香辛料则赋予季节啤酒复杂的香气与苦度，是一种非常解渴的酒款。今日的季节啤酒除了比利时的传统类型之外，美系或南太平洋系的啤酒花也常成为新式季节啤酒的原料，让季节啤酒多了许多新的风貌。

推荐酒款
Beer Recommendation

杜邦季节啤酒
Saison Dupont

泡沫量极多且消散相对快速，酒体呈深金色，香气为果香、胡椒香以及丁香的气味。入口可以喝到一点丁香、草本风味、麦香以及一点柑橘香。

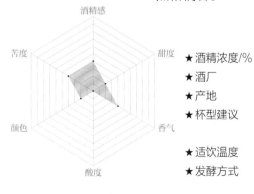

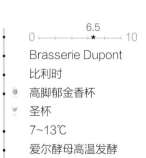

★ 酒精浓度/%　　0 —— 6.5 —— 10
★ 酒厂　　　　　Brasserie Dupont
★ 产地　　　　　比利时
★ 杯型建议　　　高脚郁金香杯
　　　　　　　　圣杯
★ 适饮温度　　　7~13℃
★ 发酵方式　　　爱尔酵母高温发酵

裸岛季节特酿啤酒
Nøgne Ø Saison

　　泡沫量少且消散得相对快速，酒体呈淡金色，香气为麦香以及带有微微蜂蜜香的水果味。入口可以喝到微微的麦香、果香以及一点点的酵母感。

★ 酒精浓度/%
★ 酒厂　　　　　　　Nøgne Ø
★ 产地　　　　　　　挪威
★ 杯型建议　　　　　高脚郁金香杯
　　　　　　　　　　圣杯
★ 适饮温度　　　　　7~13℃
★ 发酵方式　　　　　爱尔酵母高温发酵

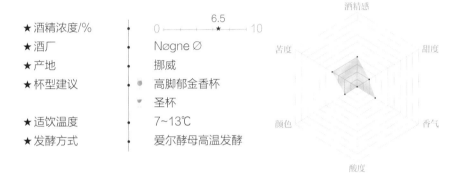

叛军绞索啤酒
Rebelse Strop

　　泡沫量少许且消散相对缓慢，酒体呈淡琥珀色，香气为一点柑橘，似柠檬、木质和一点酵母及农舍的气息。入口有木质、烟草和一点柑橘、柠檬调性，以及土壤与酵母的气息。

★ 酒精浓度/%
★ 酒厂　　　　　　　Brouwerij Roman
★ 产地　　　　　　　比利时
★ 杯型建议　　　　　高脚郁金香杯
　　　　　　　　　　圣杯
★ 适饮温度　　　　　7~13℃
★ 发酵方式　　　　　爱尔酵母高温发酵

八怪农家乐苏文季节特酿啤酒
8 Wired Saison Sauvin

泡沫量多且消散相对快速，酒体呈淡金色，香气为果香以及酵母香气。入口可以喝到酵母香气和带点葡萄风味的果香。

- ★ 酒精浓度/% ●
- ★ 酒厂 ● 8 Wired Brewing Co.
- ★ 产地 ● 新西兰
- ★ 杯型建议 ● 高脚郁金香杯
  - ▽ 圣杯
- ★ 适饮温度 ● 7~13℃
- ★ 发酵方式 ● 爱尔酵母高温发酵

最佳餐酒搭配

Beer Pairing

★★★★★

风格独具的季节啤酒每一款都有自己的个性，其表现方式的多元显现于各个品牌之中，常见的风味有胡椒、土壤、水果和草本调性，以及适中的酸味与香辛料味。强烈的碳酸感也有助于洁净味蕾和平衡苦韵。

适宜与之匹配的料理主题鲜明，多以海鲜或东南亚料理为主，如越式和泰式两大类富含酸味、果香和香辛料等元素，适合的料理如海鲜叻沙、越式沙拉或藜麦海鲜沙拉。但可别误以为用季节啤酒搭餐平实无趣，就是因为它太过特异，没有非谁不可的局限，才能大胆玩味。

而撇除去油解腻的基本概念不说，季节啤酒丰沛的碳酸滋味在与古巴三明治的搭配之下，放大了食物本身的味道，烤得肥瘦相当的肉片加上酸黄瓜和黄芥末，啤酒原始的酸与食材的酸度结合同油脂把三明治中的烤猪肉香带进另一种层次，提升了整体餐点的好感度。

再推荐一道菜品！不论是带花香还是果香的季节啤酒酒款，在与椰汁海鲜浓汤的搭配下会让椰奶的味道绵密浓厚，酒中的气泡感会绽放海鲜的鲜甜，也会洗涤汤品过于浓稠的滋味。

推荐

古巴三明治

酥炸鱿鱼

海鲜叻沙

蒜味嫩煎鲑鱼

鹰嘴豆饼

越式沙拉

椰汁海鲜浓汤

藜麦海鲜沙拉

椰汁海鲜浓汤
Coconut Seafood Bisque

★材料★

奶油	10克	洋葱末	2.5克
低筋面粉	12克	白虾	2尾
橄榄油	适量	墨鱼	半只
洋葱末	10克	淡菜	4颗
西芹末	5克	蛤仔	6颗
咖喱粉	适量	盐	适量
水	300毫升	鲜奶油	6毫升
牛奶	30毫升	椰奶	10毫升
番茄酱	100毫升	白葡萄酒	适量
蒜末	2.5克		

★做法★

❶ 热锅后，放入奶油，待奶油融化后，转中火，放入低筋面粉拌炒均匀，成面糊备用。

❷ 另起一锅热油，放入洋葱末、西芹末爆香。

❸ 倒入水、番茄酱、牛奶，小火煮沸30分钟，将步骤1的面糊倒入汤里并使其稠化，制成汤底。

❹ 另取一平底锅，热油锅后，将蒜末、洋葱末爆香，加入海鲜料后炝白葡萄酒。

❺ 倒入煮好的汤底后以盐调味。

❻ 加入鲜奶油和椰奶煮2~3分钟后即完成。

兰比克/贵兹/水果兰比克
Lambic/Gueuze/Fruit Lambic

兰比克从11世纪就开始被酿造，得名于比利时来贝克镇（Lembeek）。风味上带有白葡萄酒、西打（Cider）的风味和明显的酸度。兰比克特别的地方在于使用天然酵母和空气中的乳酸菌、醋酸菌所酿造，虽然现今科技已如此发达，大多数酿造兰比克的菌种已被分离出来，但还是只有比利时谐纳河沿岸才可以酿出我们所熟知的兰比克风味。

走进兰比克酒厂，映入眼帘的是蜘蛛网与满布的灰尘，为的就是小心保护酒厂内的菌丛生态；林德曼（Lindermans）酒厂在整修时就曾经移走一整面墙，整修完成后再整面装回去。

酿造兰比克得用上30%~40%的未发芽小麦和60%~70%的大麦麦芽，麦汁冷却后须移至室外静置一晚，让它与空气中的酵母充分接触。也是由于使用天然酵母的关系，酿造期必须是每年的10月至次年5月，天气太热时空气中菌种太过于复杂，酿出的酒会完全走味。使用的啤酒花必须干燥2年以上，目的在于不会影响酒的风味。出厂前必须进行二次发酵，啤酒成品需经过实验室化验，检测包含酵母、异戊醇和挥发物等，确保符合欧盟兰比克的标准。

贵兹属于自然酸酿兰比克啤酒的一种，通过调和新旧兰比克呈现特别的风味。旧兰比克发酵时间较久，口感较酸，但整体滋味较丰富；新兰比克发酵时间短，其中的残余的糖分也较高，易饮性高。两者混合后使得双方的优点得以保存，创造出一款更为大众所接受的酸啤酒。欧盟也规定必须混合一年、二年和三年以上熟成的兰比克。

水果兰比克（Fruit Lambic）使用天然酵母和空气中的乳酸菌、醋酸菌来发酵水果中的糖分，果香也随着发酵与酿造的过程，产生不同于新鲜水果的香气与风味，而苦度则相当难以计算，因为使用的陈年酒花主要是用来防腐，而非提供苦味。

水果兰比克中多添加带酸的水果，以增加酒体的层次。最传统的水果兰比克风格包含樱桃（Kriek Lambic）、覆盆子（Framboise Lambic）、麝香葡萄（Muscat grapes）、水蜜桃（Pêche Lambic）及草莓（Fraise Lambic）等各式风味。

推荐酒款
Beer Recommendation

伯恩樱桃酸啤酒
Kriek Boon

　　泡沫量少，酒体呈绯红色，香气为樱桃香，少许花香在后头。入口可以喝到樱桃、一点酵母和花香以及酸味。

★ 酒精浓度/%　　　　　　0 —— 4 —— 10
★ 酒厂　　　　　　　　　Brouwerij Boon nv
★ 产地　　　　　　　　　新西兰
★ 杯型建议　　　　　　　笛型杯
★ 适饮温度　　　　　　　7~13℃
★ 发酵方式　　　　　　　自然发酵

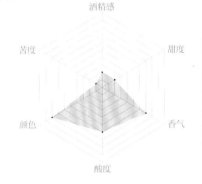

3泉老贵兹酸啤酒
3 Fonteinen Oude Geuze

　　泡沫量多且消散相对快速，酒体呈深金色，香气为木质、草本和相当多的青草感、柑橘和微微的柠檬。入口可以喝到似香气的味道，木质、草本带大量的青草气息，柑橘和微微的柠檬风味与微酸感，尾韵有些微的醋和风干的橘子风味。

★ 酒精浓度/%　　　　　　0 —— 6 —— 10
★ 酒厂　　　　　　　　　Brouwerij 3 Fonteinen
★ 产地　　　　　　　　　比利时
★ 杯型建议　　　　　　　笛型杯
★ 适饮温度　　　　　　　7~13℃
★ 发酵方式　　　　　　　自然发酵

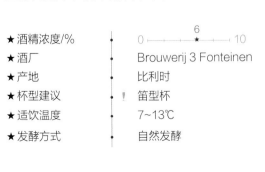

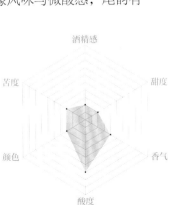

天牧蔓丝传统自然发酵白啤酒
Timmermans Blanche Lambicus

　　泡沫量少且消散非常快速，酒体呈淡金色，香气为木质香、酒香酵母跟柑橘香。入口可以喝到一点花香、柑橘香、酸味以及微微的甜味。

★ 酒精浓度/%　　　4.5
★ 酒厂　　　Brouwerij Timmermans
　　　　　　Kerkstraat
★ 产地　　　比利时
★ 杯型建议　　　笛型杯
★ 适饮温度　　　7~13℃
★ 发酵方式　　　自然发酵

康帝隆纯正自然酿酸啤酒
Gueuze 100% Lambic Bio

　　泡沫量偏多且消散相对缓慢，酒体呈深金色，香气为木质香气、酒香酵母、一点草本香、酸味以及一点醋感。刚入口可以先喝到醋酸滋味、一点草本香以及果香后味。

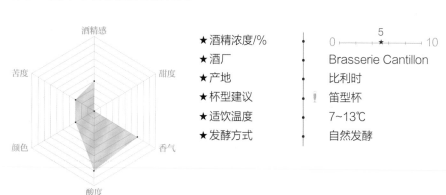

★ 酒精浓度/%　　　5
★ 酒厂　　　Brasserie Cantillon
★ 产地　　　比利时
★ 杯型建议　　　笛型杯
★ 适饮温度　　　7~13℃
★ 发酵方式　　　自然发酵

最佳餐酒搭配
Beer Pairing

不管是调和新旧兰比克所呈现出来的贵兹、富含各类果香的水果兰比克，或是单一年份的酒款，多样化的兰比克拓展了酒餐搭配的广度，借由果香发掘更多香气，如橡木、青苹果、柠檬和胡椒等，酒精浓度也因此产生变化。通常苦韵不易显现，风味着重在甜与酸之间。

若强调其酸感作为搭配主轴，这类型的兰比克适合平衡甜感味觉与油腻，以及清净香辛料的复杂风味。反之，以甜味为主的酒款，能中和料理所带来的酸和苦。串烧中常出现的鸡屁股、鸡翅与鸡皮等咸味较重的餐点，适合搭配酸感兰比克，去油解腻清新口腔。而酸加酸碰撞出来的结果，即是记忆中对于秘鲁柠檬渍生鱼的滋味。新鲜的生鱼通过柠檬、朗姆酒腌渍，搭配上兰比克的柑橘酸甜风味，为料理中的洋葱、鱼片增添清爽、鲜甜滋味，也中和掉唇齿中过多的酸味。

至于甜品搭配甜感的兰比克，更是上上之选。啤酒中的果香可以为每道甜点画龙点睛，描绘出巧克力布朗尼和水果酸奶沙拉那不可思议的缤纷果香。

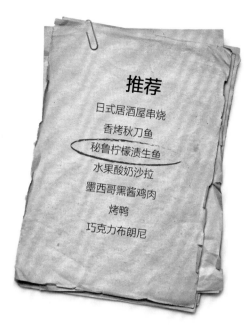

推荐

日式居酒屋串烧

香烤秋刀鱼

秘鲁柠檬渍生鱼

水果酸奶沙拉

墨西哥黑酱鸡肉

烤鸭

巧克力布朗尼

秘鲁柠檬渍生鱼
Peruvian Marinated Raw Fish

★材料★

生鱼等级鲈鱼	1片
柠檬	3颗
洋葱丝	适量
盐	1.3克
牛番茄	1/2颗
紫洋葱	1/4颗
香菜	适量
橄榄油	适量
黑胡椒粒	适量

★做法★

❶ 鲈鱼加入柠檬汁腌渍至少1天。

❷ 鱼片切成方便入口大小，紫洋葱切丝、牛番茄切丁。

❸ 鱼片、紫洋葱、洋葱丝、香菜、盐、黑胡椒拌匀，最后淋上一点橄榄油即完成。

★小贴士★

可以用任何白肉鱼代替鲈鱼。

法兰德斯 Flemish

此风格源自于比利时荷语区法兰德斯。法兰德斯分为两类：Flemish Red Ale及Flemish Oud Bruin（FOB），口感上类似兰比克，带有明显的酸度。其混合新旧啤酒，用传统的酿造方式，是啤酒风格中最接近红酒的，所以也被称之为比利时的勃艮第。酒体中有养乐多和梅子的口感及奶酪的余韵，带点葡萄的酸味与甜味。

法兰德斯红色爱尔酿造过程中，以维也纳麦芽或者慕尼黑麦芽为基础麦芽，另外添加一些淡色到中度色的焦糖麦芽，使用低苦度的干燥啤酒花为主。拥有复杂的水果香气、麦香和酸味，经过爱尔酵母发酵后，再放入橡木桶中陈酿，橡木桶中的野生酵母带给啤酒丰富的香气及口感。勃艮第女公爵（Duchesse De Bourgogne）就是经典之一。

法兰德斯Oud Bruin（FOB）和红色爱尔相比，Oud Bruin以皮尔森麦芽作为基础麦芽，另外添加一些深色饼干麦芽和少量的黑色麦芽，使用的酒花和红色爱尔相似，传统的Oud Bruin在主发酵后的窖藏时间很长。Oud Bruin的麦香相较于红色爱尔更加突出，尤其是焦糖麦芽的味道更加明显，而果味及酸味则会稍弱，乐蔓（Liefmans）是此风格的经典代表。

推荐酒款
Beer Recommendation

罗登巴赫窖藏法兰德斯红色爱尔
Rodenbach Grand Cru

泡沫量偏多且消散相对快速，酒体呈较深一些的琥珀色，为木质香气以及醋酸味。入口可以喝到醋酸味以及一点水果香气。

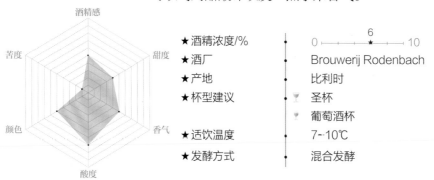

★ 酒精浓度/%　　0 —— 6 —— 10
★ 酒厂　　Brouwerij Rodenbach
★ 产地　　比利时
★ 杯型建议　　圣杯
　　　　葡萄酒杯
★ 适饮温度　　7~10℃
★ 发酵方式　　混合发酵

勃艮第女公爵
Duchesse De Bourgogne

　　泡沫量偏多且消散得相对快速，酒体呈琥珀棕，香气为醋酸感、接近葡萄干的深红色系水果风味、一点麦香。入口可以喝到带有葡萄干的醋酸风味、深红色系水果风味，并且在尾韵的部分可以喝到腌渍蔬菜的风味。

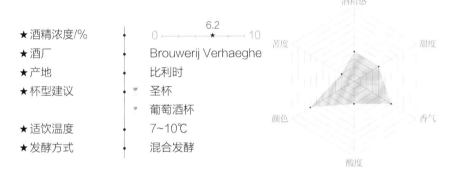

★ 酒精浓度/%　　　　　0 ——★—— 10 6.2
★ 酒厂　　　　　　　　Brouwerij Verhaeghe
★ 产地　　　　　　　　比利时
★ 杯型建议　　　　　　圣杯
　　　　　　　　　　　　葡萄酒杯
★ 适饮温度　　　　　　7~10℃
★ 发酵方式　　　　　　混合发酵

乐蔓窖藏法兰德斯棕色爱尔
Liefmans Goudenband

　　泡沫量偏多且消散得相对缓慢，酒体呈深琥珀色，香气为轻微的醋香、麦香、野生酵母以及一点点的深红色系水果的香味。入口可以喝到带点酵母香气的麦香，以及深红色系水果的风味，也能喝到木质风味及醋味。

★ 酒精浓度/%　　　　　0 ———★—— 10 8
★ 酒厂　　　　　　　　Brouwerij Liefmans
★ 产地　　　　　　　　比利时
★ 杯型建议　　　　　　圣杯
　　　　　　　　　　　　葡萄酒杯
★ 适饮温度　　　　　　7~10℃
★ 发酵方式　　　　　　混合发酵

修士咖啡馆法兰德斯酸爱尔
Monk's Cafe Flemish Sour Ale

泡沫量庞大且消散相对缓慢，酒体呈棕色，香气为一点葡萄干、香醋和麦芽风味。入口可以喝到麦芽及一点醋酸的风味。

★ 酒精浓度/%　　　　0　　5.5　　10

★ 酒厂　　　　　　Brouwerij Van Steenberge
★ 产地　　　　　　比利时
★ 杯型建议　　　　圣杯
　　　　　　　　　葡萄酒杯
★ 适饮温度　　　　7~10℃
★ 发酵方式　　　　混合发酵

最佳餐酒搭配
Beer Pairing

聊到令人玩味的啤酒类型，非法兰德斯酸爱尔莫属。它带有酸度的丰富滋味回荡于口腔之中，激荡出完美的餐酒搭配。刚开始尝试这种啤酒时，可以品尝到意大利陈年葡萄醋、巧克力、麦芽以及葡萄酒或雪莉酒的风味，渐进式地感受到干果、核果、太妃糖、焦糖等香甜气息。此外，在法兰德斯棕色啤酒里还可以感受到厚实的橡木桶风味。

如此铺张的口感，对于初次见面的酒客来说，只不过是体会到其多元复杂餐酒搭配的开始。其层次是借由多次碰撞后才得以寻获，充满惊奇的法兰德斯爱尔所带出的酸度能平衡肉类油脂所产生的油腻感，而甜味能引出脂肪的细致清香，使其变得浓稠，譬如与哥伦比亚鸡肉蔬菜浓汤的搭配。同样属于鸡肉汤品的加勒比海炖肉汤，是经典的中南美洲料理，借由法兰德斯的酸度，得以阻断肉品过多的油脂。鸡肉、鱼肉又较其他红肉更合适，巴萨米克醋也成为很好的媒介，让酒与不同食材的风味完美融合。

同时啤酒的多元风味也让法兰德斯能广纳各式肉类料理，其麦芽风味完美地平衡了烤肉的香气。费城牛肉奶酪三明治，牛肉与面包铺满浓郁奶酪，瞬间极大化了啤酒的麦芽香，让唇齿之间呈现完美交融。当然，法兰德斯爱尔的清甜感也适合与略带醋酸的腌渍海鲜搭配，醋酸平衡了味蕾，仿如借由一道菜说尽人生酸楚与甜蜜。

推荐
哥伦比亚鸡肉蔬菜浓汤
加勒比海炖肉汤
费城牛肉奶酪三明治
西班牙雪莉酒炒蛤蜊
比利时淡菜薯条
意大利式奶油柠檬虾
迷迭香嫩煎羊排佐红酒醋
凉拌海鲜沙拉

加勒比海炖肉汤
Caribbean Chicken Soup

★材料★

鸡腿	250克
红萝卜	1/4根
新鲜木薯	半颗
玉米	半根
南瓜	1/4颗
水	1000毫升
鸡汤	500毫升
盐	7.5克
孜然粉	7.5克
黑胡椒粒	7.5克

★做法★

❶ 南瓜、木薯、玉米、红萝卜切块备用。

❷ 锅中倒入水、鸡汤以大火加热，加入玉米、红萝卜、南瓜、调味料继续炖煮。

❸ 南瓜熟透后，加入鸡腿、木薯块，煮至熟透即完成。

Chapter 7

其他啤酒

黑小麦啤酒

Dunkelweizen

　　小麦啤酒有几百年以供应巴伐利亚皇室为主，直到18世纪末期才在市面上广为流传。当时的小麦啤酒颜色与大多数啤酒一样以深色为主，黑小麦啤酒原料除了使用50%以上小麦外，还添加了烘烤过的大麦增加成色和整体调性，介于一般德式酵母小麦啤酒与黑拉格之间，酒液由淡铜色到红铜色，而小麦的高蛋白质含量使其酒体浑浊，泡沫厚实，有如慕丝般的口感。富有酵母小麦啤酒的独特果香，香蕉、丁香等香气，以及烤面包、坚果、烘烤大麦的焦糖风味，入口时口感柔顺，收尾的滋味轻盈。

艾英格
原创小麦啤酒
Ayinger Urweisse

尚恩修道院
黑小麦啤酒
Tucher Scheyern
Kloster-Weisse
Dunkel

海恩堡
小麦酵母黑啤酒
Riedenburger
Hefe-Weizen
Michaeli Dunkel

水晶小麦啤酒

Kristallweizen

　　水晶小麦啤酒属于德式小麦啤酒，酿造原料使用50%以上的小麦，采用高温发酵后，将其中的小麦蛋白质和酵母过滤掉，使酒液变得如水晶般清澈透亮，酒精浓度约为5%vol。其与酵母小麦啤酒的差别除了需要过滤处理外，少了酵母所带来的丁香、香蕉风味与辛辣气息，取而代之的是微微花果香气，口感更清新、细腻，是风味相当迷人的酒款。

德国施耐德
水晶小麦啤酒
Schneider Weisse
Mein Kristall TAP2

维森
水晶小麦啤酒
Weihenstephaner
Kristallweissbier

老爱尔

Old Ale

老爱尔也可称为强爱尔（Strong Ale），泛指酒精浓度5%vol以上，发酵温度为13~15℃，多在三月与十月酿造，在橡木桶中熟成超过一年以上的英式爱尔啤酒。酒体为浅琥珀色至深棕色，泡沫也随着高酒精浓度快速消散。香气为麦芽的香甜伴随水果酯香，有果干、葡萄酒、焦糖、坚果、太妃糖和微微的糖蜜风味。整体而言，较苦啤酒（Bitter）浓厚，并带有更多雪莉酒、波特酒等桶陈的风味，啤酒花的香气也随着陈年的缘故不显著，苦度偏低。

富乐
酿酒师精选啤酒
No.5
Fullers Reserve
No.5

英派
"魔啤酒老佛走路"
老爱尔
Old Freddy
Walker

牡蛎世涛

Oyster Stout

诞生于19世纪末的牡蛎世涛，使用英国传统的酿造方法以牡蛎壳过滤酒液，当时的酿酒师发现富含碳酸钙的牡蛎壳可以有效地作为澄清剂，以利杀菌之用。接着更发现牡蛎肉中的氨基酸分子能在酒体中发挥使其厚实的功用，以提供世涛更丰厚浓郁的口感，同时些许海盐可以增加啤酒的利落感。清甜、柔顺并有相对出众的矿石气息，整体来说清爽回甘。

马斯顿
牡蛎世涛
Marston's Pearl Jet

牡蛎世涛
Iwate Kura Oyster

燕麦世涛

Oatmeal Stout

　　19世纪末期一款滋补的世涛应运而生，源自于苏格兰的初始版本使用了大量燕麦麦芽。尔后，为了提高收益便打着"健康"的名号，加入大量的燕麦进行酿造。直至两次世界大战期间英国啤酒出口回稳，才渐渐定调为现今的燕麦世涛。

　　燕麦世涛可谓甜型世涛的改良版，以燕麦取代乳糖，利用燕麦本身的特性来增加酒体的浓稠圆滑感。香气为淡淡的咖啡与奶油香，燕麦也富含坚果、谷物和土壤气息，也可因配方的不同，其甜度、苦度、燕麦的风味呈现出丰富且多变的层次。

罗曼湖燕麦世涛
Loch Lomond silkie
Stout

米凯乐
啤酒狂的早餐
Mikkeller Beer
Geek Flat White

强爱尔

Strong Ale

　　强爱尔是包含英式与美式的浅色高浓度爱尔啤酒，在5.5%~7%vol，凡是酒精浓度高于老爱尔（Old Ale）、英式古啤酒（Stock Ale）、冬季啤酒（Winter warmer），低于大麦酒（Barley Wine）的皆可视为强爱尔。酒体为琥珀色泽，拥有丰富的麦芽甜味与鲜明的果香。若采用瓶中二次发酵，美式的强爱尔更能存放几年之久，且能明显品尝到雪莉酒的调性。

圣伯纳山庭莫托
修道院啤酒
Tynt Meadow

富乐
金色经典
Fullers Golden Prid

强黑爱尔

Belgian Strong Dark Ale

强黑爱尔泛指不包含比利时双倍啤酒，但有时包括比利时四倍啤酒的高酒精浓度深色爱尔。比比利时双倍啤酒拥有更丰富的麦芽风味且酒体更为饱满，与比利时三倍啤酒相比苦度较低、酒花香气更为轻盈。酒精浓度在8%~12%vol，带有焦糖、酵母、麦芽、葡萄干、李子、莓果、无花果等风味，复杂且浓烈、丰富且滑顺，平衡得让人不自觉越饮越陶醉。

其中，又以国际特拉普斯特协会所认证的正统修道院版本，口感较为柔顺甘口且受比利时人欢迎，而一般修道院啤酒（Abbey beer）则相对甜腻酒体厚重。

城堡黑啤酒
Kasteel Donker

撒旦黑啤酒
Satan Black

罗斯福8号
修道院啤酒
Trappistes
Rochefort 8

金黄强爱尔

Belgian Strong Golden Ale

金黄强爱尔为除比利时三倍啤酒外的所有比利时高浓度浅色爱尔啤酒。每当提及金黄强爱尔，举世闻名的比利时督威（Duvel）总在第一时间闪过众人的脑海中，前身为摩盖特酒厂（Moortgat）的督威是在1971年才由传统的琥珀色转为当今我们所熟悉的浅金黄色。其拥有清爽干净的麦芽风味与强烈香辛料感的酵母香气，带有强烈的气泡感以及多层次的果香、适中的谷物甜香并带有爽冽的尾韵。

督威三麦
金啤酒
Duvel

浅粉象
啤酒
Delirium
Tremens

舒弗特级
金啤酒
La Chouffe

黑色 IPA

Black IPA

黑色IPA在1990年被称为Blackwatch IPA，为Greg Noonan酿造出的第一款商业型的黑色IPA，而酒款在2000年之后风行于美国西北部的太平洋沿岸与南加利福尼亚州，当时更在美国西北部被称作Cascadian Dark Ale（CDA）。

黑色IPA为黑啤酒与苦啤酒的结合，在麦芽与酒花的平衡上偏向酒花的风味，甘口、清爽，有着美式IPA的显著特征。麦芽烘烤至深色却无厚重的烘烤、焦香，仅带有辅助性的柔和风味。酒体由深棕色到黑色，泡沫丰富且消散缓慢，属于易饮性高的酒款。香气中富有浓郁的酒花香，有热带水果、核果、柑橘、树脂、松针、莓果和瓜类水果香。若是以干投酒花的方式呈现，还会有花香、草本与青草等香气。而深色麦芽的香气中则带有淡淡的巧克力、咖啡和烘烤的气息与微微的焦糖麦芽甜味。

恶魔双胞胎
请买单
Evil Twin
The Check Please

康巴黑鲨
Camba Black
Shark

社交 IPA

Session IPA

区别于美式IPA酒精浓度普遍在6%~8%vol，社交IPA酒精浓度多在4.5%vol以下，因为酒精浓度低不容易喝醉，相当适合在交际场合时饮用。社交IPA富有浓郁的啤酒花香气，有花香、柑橘以及水果风味，其苦韵淡雅，能被多数人所接受，更借此平衡了麦芽所带来的甜腻感，在炎热的夏季饮用让人倍感清爽。

整天喝IPA
Founders All Day
IPA

法国白朗峰
晶萃IPA
Brasserie Du Mont La
Cristal IPA

女爵精酿
强棒黛西
Beer Baroness Daisy
Cutter

白色 IPA

White IPA

　　这是由美国精酿啤酒酿酒师创造出来的酒款，通常在冬末至早春酿制。兼具美式IPA与比利时小麦啤酒风格的白色IPA，未经过滤的酒体略微浑浊，富有水果香气、香辛料的气息，香气为水果酯香，有着香蕉、柑橘、杏仁的风味，同时也能感受到来自酵母的香菜籽、黑胡椒的香气。口感干净、清爽，有着淡淡的麦芽、面包的风味，酒花则带出柑橘、水果风味，也会带出一点略辣的丁香风味。

摩亚
白色爱尔啤酒
Moa Southern Alps

法国流星白IPA
Meteor Brassin -d'ete

比利时 IPA

Belgian IPA

　　创造于2000年之后的比利时IPA，实属新颖的啤酒类型，没有明显的制式风格，随着酿造国家各自诠释。美国酿酒师会在美式IPA中添加制作比利时三倍啤酒、金黄强爱尔中常见的比利时酵母，并多使用美系与新世界啤酒花；而比利时当地则在比利时三倍啤酒与淡色爱尔中添加更多的欧洲系啤酒花。由于使用比利时酵母，也会带出水果香气、酯香与辛辣的气息，有明显丁香、胡椒的风味。整体来说，较一般的IPA更加丰富有层次，酒精浓度自然也有所提升，为8%~9%vol以上。

琥布朗舒弗啤酒
Houblon Chouffe

城堡酒花啤酒
Kasteel Hoppy

野酒花啤酒
Hopus Primeur

法式窖藏啤酒

Bière de Garde

禾法颂法国北省
金黄啤酒
Reflets de France - Biere de
Garde du Nord

其直译为"经过储存与窖藏的啤酒",源自法国北部的农家酿酒传统(当时被称为农舍爱尔,Farmhouse Ale)。由于适宜酿造的季节短,仅能在冬季和春季进行酿制,并冷藏于地窖之中,以避免在天气回暖时,酵母出现无法控制的问题。

简单来说,法式窖藏啤酒就是一种类似于季节啤酒的类型,较着重在麦芽风味,其酒花的草本风味细腻有层次,酒精浓度为6%~8.5%vol,浓度虽高但尝起来滑顺不刺激,风味可说是干净利落;同时,也无季节啤酒中的辛香与苦韵。

西打酒

Cider

西打酒(Cider)也可称为Hard Cider,是使用苹果汁酿造的酒精饮料,属于水果酒,并非啤酒的一种。甜感重的西打酒借由缓慢且重复的发酵方式,过滤掉酵母,使其含糖量提升;干爽不甜的西打酒则以酵母消耗掉苹果汁中大部分的糖分,其酒精浓度也略高。欧陆地区的西打酒更可高达12%vol。如此庞大的产量也让西打酒成为仅次于葡萄酒后,世界第二大的水果酒。而英国不仅成为人均苹果酒消费最高的地区,也拥有世界上最大的苹果酒生产公司HP Bulmer。

吉馥金宝
苹果西打
Zeffer Apple
Crumble

库柏格
青柠西打
Kopparberg Fruit
Lager Lemon & Lime

森美尔
有机梨子西打
Samuel Smith
Organic Perry

另外,也有以其他水果制成的西打酒,最常见的为梨子酒(Perry)。虽然西打酒是用苹果汁或梨子汁发酵制成的酒类,并不是用麦汁酿制,因此在定义上不属于啤酒。但是由于许多英美、新澳地区的啤酒厂也将西打酒纳入产品线中,因此美国的啤酒评审认证协会(BJCP)也将西打酒纳入啤酒比赛中,成为固定项目之一,许多西打酒也常见于精酿啤酒的专售店中。

冬季啤酒

Winter Ale

　　冬季啤酒即是酿酒厂的冬季限定酒款，在家人朋友团聚的十二月份推出。许多酿酒厂更因此以圣诞节为主题，为冬季啤酒命名与包装。其以高酒精浓度与风味醇厚的酒体著称，相较一般啤酒来说添加更多的香料元素。浓烈的深色香料风格多以爱尔为主，少部分为黑拉格版本，适饮温度多在10℃以上。而香料的种类则依照不同酒厂发挥无限创意，有添加圣诞节不可或缺的食材，如五香粉、肉豆蔻、肉桂、丁香、姜等，也有柑橘类的水果风味以及各式的糖蜜。

科胜道
修道院圣诞啤酒
Corsendonk Christmas
Ale

裸岛
传承节庆啤酒
Nøgne Ø Traditional
Christmas Ale

波罗的海波特

Baltic Porter

　　波特在18世纪开始风行全世界，从英国出口的波特俨然就是当时的商业啤酒。而特别命名为波罗的海波特（Baltic Porter）的类型，主要是以北方寒冷国家为出口目的地，为符合当地气候和人民饮用习惯，在麦芽烘焙和酒精浓度上都比英国本土的波特来得高，酒精浓度动辄7%~10%vol及以上。除了重烘焙深黑色麦芽或烤大麦带出的可可、咖啡香气外，也常常透出甘草、糖蜜，甚至是梅子般的酸味。

沛罗
波罗的海波特
BRLO Baltic Porter

新西兰大蜥蜴
永昼波罗的海新
波特啤酒
Tuatara Midnight
Sun Baltic Porter

　　今天的波罗的海波特主要产自北欧波罗的海沿岸国家及斯堪的纳维亚，有别于一般对于波特就是深色爱尔的认知，波罗的海波特也可能是使用拉格酵母发酵；此做法使其酒体更加轻盈，风格上会更类似德式深黑拉格（Schwarzbier）。

　　在理解波罗的海波特时，非常容易与另一种深黑色高浓度啤酒——帝国世涛（Imperial Stout）搞混，两者在风味和酒精浓度上非常相近。但其实，就像在理解今天的世涛与波特之间的差别一样，仅仅能从外观深浅勉强分辨，或许也因为风味实在太过雷同，饮用者也不一定需要认真去分辨杯中的是帝国世涛，还是波罗的海波特。

美式红色拉格

American Red Lager

源自欧洲维也纳啤酒的美式红色拉格风行于全球，其酒体随着麦芽的比例，从金黄的琥珀色至红铜色皆有，富有鲜明的麦芽香，同时带有烤吐司与焦糖香气。随着美系啤酒花的盛行，美式红色拉格的啤酒花含量提高，但苦度却在麦芽的辅助下不会特别重，口感清爽甘口、十分平衡且易饮性高。塞缪尔亚当斯（Samuel Adams）和布鲁克林（Brooklyn）为美式红拉格中相当著名的品牌。

塞缪尔亚当斯
波士顿拉格啤酒
Samuel Adams Boston
Lager

布鲁克林
拉格啤酒
Brooklyn Lager

香槟 IPA

Bruit IPA

这款酒出自美国旧金山Social Kitchen&Brewery的酿酒师Kim Sturdavant之手。起初，只是为了运用淀粉葡萄糖苷酶来降低三倍IPA的糖度，直到某日尝试将淀粉葡萄糖苷酶添加于传统IPA之中，意外地酿造出零柏拉图度（意指完全无糖）、口感干净清爽的新式IPA。

香槟IPA除了甘口的特性外，也带有明显的气泡感、微微的浑浊感，以及超级芬芳的啤酒花香。整体来说，香槟IPA的风格相当复杂，色泽从淡金色到琥珀色，酒体也由单薄到丰厚，酒精浓度则从适中到高，啤酒风格如香槟一般。

而原本有意取名为Champagne IPA，但由于法国对香槟（Champagne）的专属权十分重视，为了避免争议，最终定名为Extra Brut IPA，简称为Brut IPA。

这批很纯
香槟IPA
23 Uncut Pure AF
Brut IPA

八怪"好野"
香槟IPA
8 Wired Brett Brux
Brut

博克

Bock

　　博克代表着浓郁型的拉格，得名自德国城镇Einbock。最初在14世纪时由修道院僧侣所酿造，目的是在冬天时斋戒时饮用以补充热量，因此又有"液体面包"之称。而Einbock在德文中原意即为"公山羊"，因此常常可以见到博克啤酒的酒标上绘制着各式山羊图形。在酿造时，博克用了高浓度的麦汁，一开始是爱尔式的高温发酵，1516年巴伐利亚《啤酒纯酿法》后逐渐改低温发酵的方法，酒精浓度在6.3%~7.2%vol。最传统的博克颜色为深黑，酒体醇厚，香气除了深色麦芽带有的焦糖、太妃糖、烘焙与坚果香外，另有明显的果香与花香。

塔伯特修道院
博克啤酒
La Trappe Bockbier

康巴泰瑞斯
经典精酿
Camba Die
Therese

多特蒙德出口型拉格

Dortmunder Export Lager

　　皮尔森出现以后，酿酒界吹起一阵皮尔森化旋风，各地酒厂群起学习酿制皮尔森或其他种类的淡色拉格，多特蒙德出口型拉格也是那个时代的产物。1887年，多特蒙德市的工会第一次酿造出了浅色的拉格啤酒，当时酿造了两个版本，较烈的"Export"意外地受到极大的欢迎。多特蒙德出口型拉格有慕尼黑淡色拉格（Helles）般的麦芽清甜，却也具备了皮尔森的啤酒花以及当地富含硫的水质带来的气味。第二次世界大战结束后到20世纪60年代是多特蒙德出口型拉格的流行高峰期，一度拥有60%以上的市场占有率。

德贝多特蒙德
出口型啤酒
DAB Dortmunder
Export

艾英格
百年纪念啤酒
Ayinger
Jahrhundert

梅尔森 / 十月啤酒

Marzen / Oktpber

1833年，两个年轻的酿酒师来到了英国观摩酿酒的技法，他们分别是维也纳人Anton Dreher和慕尼黑人Gabriel Sedlmyr，所学到的便是当时英国领先全球的浅色麦芽烘焙技术。回到各自故乡后创造出来的成品便是维也纳麦芽和慕尼黑麦芽两个麦芽种类以及"Vienna"（维也纳）和"Marzen"（梅尔森）两个啤酒类型。1841年Gabriel Sedlmyr则利用该年的慕尼黑啤酒节来首度推广梅尔森，并也成了啤酒节的主题啤酒，得到了Oktoberfestbier之名。

慕尼黑皇家
宫廷酿酒厂
十月特酿
HB Hofbrau
Oktoberfestbier

艾英格
十月啤酒
Ayinger Oktober
Fest-Märzen

慕尼黑淡色拉格

Munich Helles

1841年，皮尔森的出现造成淡色拉格的大流行，整个中欧的啤酒市场快速地被皮尔森和其他浅色拉格啤酒攻陷。巴伐利亚地区也在这个情况下发展出了自己的淡色拉格——Helles。狮百腾（Spaten）酒厂在1894年酿制出了第一款属于巴伐利亚的淡色拉格，在此之前，不管颜色、风味如何，许多酒厂都将他们的淡色拉格命名为Pils。Helles在德文中指的是"明亮"的意思，因为相较皮尔森，狮百腾酒厂所酿制的淡色拉格的颜色更浅、更明亮。风味上，淡色拉格比皮尔森更加专注在麦芽风味的表现，因此酒花的感受并不明显，口感上更接近我们今天的商业拉格。

塞缪尔史密斯
春日开心鬼
精酿啤酒
Samuel Adams
Fresh As Helles

维森
原创大麦啤酒
Weihenstephaner
Original Helles

朗客施伦克拉
拉格啤酒
Aecht Schlenkerla
Hells Lagerbier

苏打啤酒

Radler

　　苏打啤酒，又名单车客啤酒，发源于德国柏林郊区，当地客栈老板为了解决因啤酒不足而无法供应超出计划人数的单车客的困境而灵机一动，决定把柠檬汽水混入德式黄金拉格里并对外销售，单车客啤酒酒精浓度低（1%~3%vol），酒精感淡，气泡感充足，喝起来较接近苏打饮料。传统做法是混合德式黄金拉格（Pils/Helles）与柠檬汁或汽水，现在市面上也有众多混合其他果汁的苏打啤酒，英式苏打啤酒则称为Shandy，一般将拉格以1∶1的比例混入姜汁啤酒或汽水，也可混入柠檬汁，口感和酒精浓度与单车客啤酒相似。

德国科隆
柠檬味啤酒
Fruh Radler

艾根堡
天然接骨木柠檬啤酒
Eggenberg Radler

美式辅料拉格

American Adjunct Lager

　　美式辅料拉格为美国禁酒令解除后最为人所知的啤酒类型，众多知名品牌如百威（Budweiser）、米勒（Miller）、台湾经典（Taiwan Beer Classic）、科罗娜（Corona Extra）皆显见于世界各个地区。以大米、玉米作为辅料的美式拉格大致区分为轻盈、标准和优质这三种类型，其历史可追溯到18世纪末皮尔森啤酒风行全球时，但当时的美国以六棱大麦为主，为降低六棱大麦粗糙与厚重的谷物香气，故添加辅料以营造轻盈的酒体并降低啤酒花的使用量。不仅以最经济的成本创造最大的产能，其轻盈的风味也贴合多数饮用者的需求。

台湾
18天纯生啤酒
Taiwan Beer
18 Days Draft

朝日干杯啤酒
Asahi Draft Beer

伯顿爱尔

Burton Ale

伯顿爱尔源自18世纪的英国伯顿，酒体呈浅棕色渐层延伸至稍深的琥珀色泽，酒精浓度偏高，香气为清甜的麦芽香、厚实的吐司感以及一点饼干、焦糖与水果香气。而当地地下的硬水水质特殊，与其拥有均衡的麦芽与苦味适配，使得伯顿爱尔得以呈现出平衡性绝佳的风味。

追溯至13世纪，伯顿爱尔原先是由英国伯顿地区的修道院修士们所酿制，直到16世纪亨利八世解散修道院后，才改由民营的小型啤酒厂酿制。起初，伯顿爱尔为原始风味的爱尔啤酒，并不添加酒花，逐渐改良过后，取第一道新鲜、浓郁的麦汁，并分离发酵熟成为英式烈爱尔，但当时的伯顿爱尔其实不像波特、世涛、淡色爱尔等啤酒被正名，且能独自定义成一款啤酒类型。

此外，酿制过程中剩余的麦碎会再进行二、三次糖化过程，被稀释的麦汁酿成了英国淡啤酒（Small Beer）。还有一说，由于早期水质调整不易，其他地方无法酿制出伯顿爱尔的味道，故将模仿失败的伯顿爱尔取名为苦啤酒（Bitter）。

玛斯顿佩迪里
英式啤酒
Marston's Pedigree

富乐经典大师
啤酒1905
Fuller's Past
Masters 1905 Old
London Ale

巧克力世涛

Chocolate Stout

19世纪的英国工程师暨发明家Daniel Wheeler改良了麦芽的烘烤方式，使用金属制的滚轮作为烘烤麦芽时的容器。在烘烤过程中，金属滚轮不断转动，让烘麦师可以更精准地掌握时间与火候，创造出了各种不同颜色和烘焙程度的麦芽，这当中当然也包括了酿制黑啤酒的深色麦芽。

许多深色的麦芽带有巧克力的香气，原因是深色麦芽结合了烘焙时产生的焦糖与重烘焙的微微焦苦，呈现一种近乎高纯度可可的风味表现。卡拉发（Carafa）或巧克力麦芽（Chocolate Malt）是深色麦芽家族中，烘焙程度相对较轻的成员，而取用少量的这种麦芽酿酒，辅以一些焦糖风味更重的中烘焙麦芽，便可以制作出充满巧克力风味的啤酒。

巧克力世涛便是在这种情况下诞生，虽然它不是BJCP所认可的类型之一，但可可为主的气息辅以淡淡的咖啡香，两者结合创造出了这款近似于摩卡咖啡的深色啤酒。许多酿酒商更以此为基底，加入可可豆把啤酒中的巧克力风味带向了另一个层次。

森美尔
有机巧克力炭烧啤酒
Samuel Smith Organic
Chocolate Stout

布鲁克林
黑巧克力
世涛啤酒
Brooklyn Black
Chocolate Stout

咖啡世涛

Coffee Stout

英国人Daniel Wheeler在1818年发明了滚筒式的麦芽烘焙装置，从此酿酒师们不用再屈就于使用老式烘焙的那种烘焙不均匀产品——麦芽一部分焦掉，一部分又太生，此外还有带有浓浓烟熏杂味那种烘烤不均匀的产品。那种杂味与今天复刻的德式烟熏啤酒（Rauchbier）不同，在木材未经良好保存或是用低价煤炭制作出来的成品，味道只会更恐怖而已。

19世纪初期，当时称霸世界的主流啤酒就是波特，那时候的波特是大量使用传统棕色麦芽所酿制出的产物，风味较不固定且需要耗费更多的麦芽原料。新式麦芽的出现，让酿酒师们走出了新的一片天。由于新的装置可以烘烤出更深或更浅色的麦芽，他们发现只要加入少量的重烘焙麦芽辅以发酵率高的浅色麦芽，便可以用更低的成本酿造出风味和颜色更重、品质更稳定的波特。一开始，这种啤酒取名为Stout Porter，意即加强版的波特，后来才省略直接以世涛称呼之。

咖啡世涛便是这种世涛的衍生版本，使用重烘焙麦芽本身就带有的炭烧香气与苦感，这款黑色爱尔本身就带有咖啡的感觉。酿酒师们为了加强这种感觉，常利用啤酒花加强苦味，而这不仅加长了尾韵的苦感，啤酒中残存的焦糖微甜也被啤酒花的苦压得更低。许多酒厂也会在酿制时直接加入咖啡豆让整体的咖啡风味更加浓郁。

摩登时代
暗屋
Modern Time
Black House

神话咖啡世涛
Epic Son of A
Baptist

爱尔兰世涛

Irish Stout

　　如果说起全世界最畅销的世涛类型，一定非爱尔兰世涛莫属，如果说起全世界最畅销的爱尔兰世涛，一定非健力士（Guiness）莫属。今天全世界最知名、生产量最大的世涛就是爱尔兰的健力士酒厂出品的爱尔兰世涛。除了由于啤酒实在太畅销，酒厂甚至创立我们所熟悉的吉尼斯世界纪录（Guinness World Records），来解决酒客们在酒吧内的争论问题。

　　麦芽为酿制啤酒的主要原料，英国从17世纪中叶便开始针对麦芽征税，此后税额陆续调整。因此在19世纪时，健力士酒厂率先开始使用深色的烤大麦而非麦芽来酿制深色爱尔，酿造过程中有时加入微量的盐。由于未发芽的烤大麦其发酵率较低，且盐分能让甜味下降，口感更利落，因此与其他世涛种类相比，爱尔兰世涛的口感更为轻盈。也因此虽然颜色较深，但口感反而没有一般世涛来得重。

北岸38号　　　　健力士
世涛　　　　　　世涛
North Coast Old　Guinness Draught
No. 38 Stout

轻爱尔

Mild

　　轻爱尔起源于19世纪的英国，而轻爱尔的"轻"是年轻的意思；特指发酵时间短，酒精浓度低的啤酒。起初酿造轻爱尔是为了能有一种酒质轻盈，易于被市场所接受，销货快速的酒款，所以其中仅需添加少量啤酒花防腐，因此苦度并不明显。

　　低酒精浓度的另一个因素则是因英国酒类税制而产生。1914年之前，英国啤酒的酒精浓度比现今略高，但随着第一次世界大战爆发，英国通过《国土安全法》强制酒吧提早打烊并加重啤酒税，而英国课税标准是根据酒精浓度，而非容量，故造就了3%~3.6%vol的轻爱尔。一开始的轻爱尔并未有指定的颜色，现今的轻爱尔则多呈深棕色，富有坚果、焦糖及烘烤过的麦香，丰富的口感适合喜好稍浓的味觉，但又不想摄取太多酒精的时候。

富乐好朋友系列　　　圣彼得
Misprized　　　　　轻爱尔
Fuller's & Friends -　St Peter's
Misprized　　　　　MILD

牛奶世涛

Milk Stout

　　欧美国家由于宗教的关系，在不同的历史时期中，或多或少都有倡导禁酒的浪潮。19世纪末，英国禁酒协会（Temperance Society）在烈酒的反制上大有斩获，遂有将矛头指向啤酒的趋势。在这个潜在威胁下，麦克孙（Mackeson）酒厂在1907年开发出一款"Invalid Stout"，号称"a tonic for invalids and nursing mothers"，意指专为哺乳中孕妇及病人所设计出的营养补充啤酒，并宣称一品脱的啤酒含有十盎司牛奶的养分。

　　这一混淆的做法在今天看来让人感到不可思议，但试着回想一百多年前冷藏设备还未普及的情况，并没有今天如此便利可以随时补充果汁、牛奶和各式饮料的情况下，似乎也不是那么难以置信。

　　Invalid Stout，也就是我们今天所称的Milk Stout（牛奶世涛），也称为奶油世涛（Cream Stout）或甜世涛（Sweet Stout），在啤酒酿制过程中加入了乳糖，利用乳糖不被发酵的特性增加甜味。一般来说碳酸感并不高，强调圆滑的口感。乳糖在啤酒中并不会带来很明显的甜味，而是犹如鲜奶般的清甜。

　　由于使用"Milk"（牛奶）一词太容易被误解为如同牛奶的高营养品，且事实上牛奶世涛中也没有牛奶般丰富的蛋白质和维生素。因此在1946年，英国政府禁止在酒标上使用"Milk"一词，50年后到了1996年，这项禁令扩展至所有可能会被误认为含有牛奶成分的词语。所以，我们会发现来自英国的牛奶世涛多半以"Cream Stout"作为酒款或类型名称，会印制或取名"Milk Stout"的酒款则来自于英国本土以外的酒厂。

圣彼得
牛奶世涛
St Peters Cream
Stout

美奇乐
牛奶世涛
Mikkeller Milk Stout

淡色爱尔

Pale Ale

　　Pale Ale发源自英国，翻译为淡色爱尔，"淡"指的是颜色淡，泛指颜色比世涛、波特浅的啤酒，诸如各种苦啤酒、金色爱尔、老爱尔、大麦酒都属于之。在1642年以前，淡色爱尔一词为使用焦炭烘焙过的麦芽，再发酵做成的啤酒，到了1703年淡色爱尔被广泛使用，指以烘焙麦芽加上啤酒花发酵而成的啤酒，而原料中，淡色麦芽（Pale Malt）所占比例较高，同时使用上层发酵酵母（Top-fermenting Yeast）在13℃以上进行发酵，使得淡色爱尔拥有丰富且多层次的果香与香料风味。

　　在1784年，淡色爱尔在广告中以"淡、卓越"的特征深植人心，直到1830年，淡色爱尔与现今的苦啤酒（Bitter）对大众来说无差别，实属同义，因此人们以苦味来区别波特（Porters）与爱尔轻啤酒（Milds）。到了20世纪中叶，酿酒厂开始将苦啤酒与淡色爱尔划分开来，但英国的伯顿凭借其特殊的水质，得以酿造出平衡性绝佳的淡色爱尔，故依旧将其苦啤酒标示为淡色爱尔。

奥威正宗
修道院啤酒
Orval

鬼佬淡色爱尔
GWEI.LO
Pale Ale

美式皮尔森
American Pilsner

美式皮尔森是相对于"精酿啤酒"的"工业啤酒",其原型便是德式的皮尔森。拜工业技术发达所赐,酿造啤酒的工艺技术也得到大大的改良,以往旷日费时的酿酒过程逐渐缩短至以周为单位,这大大降低了啤酒的价格并提升了啤酒的普及率。

美式淡拉格因常添加辅料,如大米、玉米之类的谷物,口感上特别清爽,适合在用餐过程中取代气泡水,达到洁净口腔味蕾之功效,一般鲜少单独品饮但较适合大量饮用。

神话觉醒
皮尔森
Epic Awakening
Pils

鹰牌干投酒花
皮尔森
Eagle Dry Hopped
Pilsner

凯索精酿
皮尔森
Cassels & Sons
Brewery Pilsner

奶油爱尔
Cream Ale

奶油爱尔源自美国,在20世纪30年代禁酒令前是美国极受欢迎的啤酒类型之一。禁酒令之后,美式啤酒发展受阻,这一经典酒款反而由加拿大酒厂所保留下来。奶油爱尔是少数混用拉格酵母和低温窖藏的爱尔啤酒,原料上有时也会混入大米或玉米,这一特性创造出奶油爱尔更轻盈的酒体。酒花味不重,苦度也低,酒精浓度在5%vol左右。

肯塔基香草奶油
爱尔
Kentucky Vanilla Barrel
Cream Ale

不余麦酒
盈溢白玉
Alechemist Pale
Jade

新英格兰 IPA

NE IPA

　　NE IPA为 New England IPA的缩写，指的是一种外观浑浊、果汁感十足的IPA。其源自美国东岸酒厂，故以"新英格兰"命名这一新潮的啤酒类型。由于使用干投酒花（Dry-hopping）技术，纵使酿造过程中添加大量啤酒花，其苦度也较一般IPA来得低。未经过滤造成其浑浊的外观，主要悬浮物源自未过滤的酵母、大量的啤酒花、使用蛋白质含量较高的麦芽。除了直接使用NE IPA作为酒款名称，很多酒厂也习惯加入"Hazy"（浑浊）等字眼，让消费者容易辨识。

深溪薄雾宫城浑浊 IPA
Deep Creek Misty Miyagi Hazy IPA

汉斯对决款IPA 雅基玛风格
Hanscraft Split Decision - Yakima Style

太平洋爱尔

Pacific Ale

　　澳洲和新西兰近年也成为新兴的啤酒产区之一，两地出产的啤酒花带有水蜜桃、百香果、菠萝、芒果等丰富的南太平洋水果气息。这些香气赋予了当地淡色爱尔截然不同的个性，一种新式啤酒因而诞生。除了与美式啤酒花的香气不同之外，南太平洋淡色爱尔的苦度较一般美式淡色爱尔略低，更适合初次尝试淡色爱尔的品饮者。

大蜥蜴淡色爱尔
Tuatara Aotearoa Pale Ale

大蜥蜴 塞维诺单一酒花 淡色爱尔
Tuatara Sauvinova Single Hop Pale Ale

黑糖兰比克

Faro

黑糖兰比克属于自然发酵兰比克的一种，在稀释的兰比克原酒中加入黑糖，甜味提高的情况下，使得整体酸度不那么明显。在19世纪时非常流行，当时黑糖是在侍饮前才加入，现在则多在酒厂中添加完成。酒精浓度在4%~6%vol，非常适合刚接触酸啤酒的入门者。

法柔伯恩香槟酸
甜心啤酒
Faro Boon

林德曼
自然发酵
黑糖啤酒
Lindemans Faro

啤酒香槟

Bière de Champagne / Bière Brut

在比利时被称为香槟的啤酒分为两种，一种是自然酸酿的贵兹（Gueuze）；另一种则为使用香槟酿造法的"Bière de Champagne"，也可称为"Bière Brut"。

这类啤酒通常需要经过很长的熟成期，酒体从淡金色至琥珀色泽皆有，风味非常雅致、富有碳酸感，酒精浓度在6%~12%vol，品尝起来就像香槟一般。与其说啤酒香槟是一种新的类型，它更像是一种风格的延伸，原料、风味、特性皆非重点，其制作方法才是这个类型的精髓。

月亮狗坏小子
起泡啤酒
Moon Dog Bad
Boy Bubbly

吕根岛因赛尔
岛屿白垩纪
Insel Kreide

帝斯香槟啤酒
(Deus Brut des
Flandres)

酿造时以麦汁取代葡萄，经历过糖化、发酵、熟成等过程后，运送至法国香槟地区（Champagnewine region），有些甚至会直接在法国当地进行酿制。在装瓶后，投入香槟酵母进行瓶内发酵，接着是制作香槟时不可缺少的步骤"沉淀酒渣（remuage）"，使酵母沉淀物聚集到瓶口，待酒渣沉淀了之后，就进入到除渣（disgorgement）阶段。将瓶口放入大约0°C的盐水中，让酒渣结冰形成固体，接着在开瓶时，靠瓶内压力喷出沉淀物，以达到除渣的效果。最后，再补回流失的酒、封瓶。

比利时最著名的酒款为帝斯香槟啤酒（Deus Brut des Flandres），其酒厂Bosteels也曾因为酒标上的名称与法国香槟品牌雷同，而遭到诉讼。

水果白啤酒

Fruit Wit

 白啤酒在酿造时除了使用小麦外，还会加入些许柑橘皮增加其果香。因此，以白啤酒为基底所酿制的水果啤酒，可以利用白啤酒本身的果香与各种不同的水果风味结合。

富乐园
芒果水果白啤酒
Floris Mango

梦果
非洲香蕉水果白啤酒
Mongozo Banana

蒸馏啤酒

Bierbrand

 蒸馏啤酒直译为"啤酒白兰地"，也称作 Eau de vie de bière（啤酒的生命之水）。有别于一般的定义，白兰地必须是以水果酒作为蒸馏原料；蒸馏啤酒是以市售啤酒酒款作为蒸馏酒的原酒。啤酒酿酒厂一般不直接生产蒸馏啤酒，而是习惯送至专门的蒸馏厂制作、装瓶。

 日耳曼地区在用语上会使用"Weinbrand"和"Bierbrand"去区分以葡萄酒或者啤酒所制成的蒸馏烈酒。根据欧盟2008年的法规，蒸馏啤酒的酒精浓度必须在38%~85%vol，并经过一定时间的木桶陈放。成品不允许添加调色用焦糖之外的任何原料。

 许多人会把蒸馏啤酒与威士忌混为一谈，虽然两者所使用的原物料几近相同，一样是使用麦芽的发酵酒，但两者最大的差异在于蒸馏啤酒的原酒必定使用到啤酒花，且制作啤酒时的发酵温度也较一般威士忌低许多。

汉斯季节
蒸馏啤酒
Hanscraft
Saison Julie
Spirits

艾根堡陈年啤酒王蒸馏啤酒
Eggenberg Alte Reserve

无麸质啤酒

Gluten Free

麸质（Gluten）普遍存在于小麦、大麦、燕麦和裸麦之中，是谷类中最主要的蛋白质，也是谷类中筋性的来源。全世界总人口的6%~10%对于麸质过敏，摄入麸质后容易出现腹泻等症状，在欧美国家会要求针对麸质标示为过敏原。

无麸质啤酒便是在这种状况下诞生，使用小米、大米、高粱、荞麦、玉米等不含麸质的谷物作为原料酿制啤酒。成品的麸质含量符合美国FDA的标准，也就是20mg/kg以下，并不会引发人体的过敏反应。

早期，人们普遍认为酿制无麸质啤酒是非常困难的，因为少了那些谷物中的蛋白质容易让啤酒变得口感单薄。但是在美国市场的需求之下，无麸质啤酒的工艺不断改进。近年流行将高粱糖浆作为主要的发酵原料，其中含有的氨基酸和不可发酵糖类给予了啤酒更加浑厚的口感，一些关注无麸质饮食市场的精酿啤酒酿酒师们也开始针对这点，以不同的酿造风格类型出发，演绎出不同的酒款。

圣富勒小鸟有机
无麸质金啤
Grisette Blond